如何停止忧虑开创人生

[美] 卡耐基◎著
房 铭◎编译

HOW TO STOP WORRYING AND START LIVING

中国商业出版社

图书在版编目 (CIP) 数据

如何停止忧虑，开创人生 / （美）卡耐基著；房铭编译 .—北京：中国商业出版社，2014.12

ISBN 978-7-5044-8786-5

Ⅰ . ①如 … Ⅱ . ①卡… ②房… Ⅲ . ①焦虑－情绪－自我控制－通俗读物 Ⅳ . ① B842.6-49

中国版本图书馆 CIP 数据核字 (2014) 第 287159 号

责任编辑：朱丽丽

中国商业出版社出版发行

010-63180647 www.c-cbook.com

（100053北京广安门内报国寺1号）

新华书店总店北京发行所经销

北京毅峰迅捷印刷有限公司印刷

*

710 × 1000毫米 16开 14印张 200千字

2015年12月第1版 2015年12月第1次印刷

定价：32.00元

* * * *

（如有印装质量问题可更换）

自序

Preface

一、具备一种如饥似渴的学习欲望，一个渴望提高与人相处能力的坚定决心，这是至关重要、不可或缺的基本条件，否则你再怎么研究也没用。

要想达到这个条件，你就应该经常提醒自己这点对你的重要性。你可以想象一下：假如你能熟练自如地在日常生活中运用这点，你会有更广阔的天地、更丰厚的经济收入。你要反复告诉自己："如果我能长期应用本书所教的道理，我就能享有心中的平安和快乐。我的收入也可能大大增加。"

二、希望你快速浏览每一章，获得一个整体的概念，这样你可能会想快点看下去。但是如果你是为了打发时间，就不要翻看此书。倘若你是抱着提升自己人生质量的想法，那么，你就应该回过头去，仔细一阅读每一章。这才是既节省时间又行之有效的办法。

三、阅读这本书的时候，应该时常对所读内容进行思考，反省自己该如何，该在何时运用每一条建议。这样阅读比一口气读完要有帮助得多。

四、阅读的时候，手中准备一支笔。当读到你认为对自己有用的建议时，可以用笔做一下标记。如果读到一个非常好的建议，那就可以把每句话都画下来，并在旁边做上记号。在书上画线做记号，不但可以增加阅读趣味，还容易回顾复习。

五、我们遗忘的速度之快真是令人震惊。如果你真的想从此书获得持久的收益，只随便看一遍是不够的。全书浏览之后，你应该每个月都花上几个小时温习一下。请谨记，只有经由持续不断、积极的温习和运用，书中所描述的原则才可能演变成你惯常的行为举止。除此之外，别无他法。

六、萧伯纳曾经说过："如果你教会一个人所有事情，那么他永远不可能学有所长。"萧伯纳说得对。学习是一个积极的过程，只有实践才能学会。否则，你很快就会将原则抛在脑后，只有活用的知识才会储藏在你的脑海里。

如果运用时遇到困难，不要灰心，不要冲动，那通常都不是正确的方法。还是翻开此书，看看你曾标记过的段落，试着采用新方法，看看它们能带来什么奇迹！

七、将你实践本书原则的过程看成一场充满生机和活力的游戏，每当你的伴侣、孩子或同事发现你违背某一原则时，奖赏他们一枚硬币。

八、坚持每周自我分析、自我教育，检查自己在学习和应用过程中所犯的错误、所取得的进步，以及所学到的教训，以检查自己的进步状况。如果你能够这样做，则可以收到这样的效果：

（1）你将感觉自身处于一个宝贵而神奇的受教育过程中；（2）你会发现自身的沟通能力迅猛提升。

九、建议你常写日记。你应把自己成功运用本书原则的过程和取得的成果记录下来。尽量具体，记下人名、日期及结果。做这样的记录，会激励你更加努力。多年之后，当你无意中回顾时，你一定会觉得其乐无穷！

——戴尔 · 卡耐基

目录
Contents

第六章 不因别人的批评而烦恼

第七章 我如何获得快乐

第一章

忧虑，幸福生活的破坏者

chapter 1

第一节 忧虑会危害你的健康

很久以前的一天晚上，一个邻居来按门铃，催促我们一家人去种牛痘预防天花。他是纽约市几千名志愿工作者之一。人们惊恐地排起长队等待注射。疫苗接种站不仅设在所有的医院，连消防队、警察局和大型的工厂里都有。2000 多名医生、护士夜以继日地忙碌着为大家种牛痘。这场骚动是怎么引起的呢？原来纽约市有 8 个人得了天花，其中 2 个人死掉了。

谁才是残害我们的凶手?

我在纽约已经住了 37 年，可是至今还没有一个人来按我的门铃来警告我提防忧虑症这种病，在过去 37 年里，它的杀伤力高过天花上万倍。也从来没有人告诫我，目前生活在这个世界上的人，由于忧虑和各种情绪的困扰每 10 个人中就会有 1 个人将精神崩溃。

诺贝尔医学奖得主卡瑞尔博士曾经说过："不知如何对抗忧虑的人，往往英年早逝。"这句话事实上适用于我们每一个人。

几年前，我与格伯医师一起度假，当时他是圣太菲铁路公司的医药主管，我们开车穿过得克萨斯州和新墨西哥州。我们在一起谈到了忧虑对人的影响，他说：

“如果病人能祛除恐惧与忧虑，70%的人就不用看医生了。我倒不是说他们的病是想象出来的，”他继续说，“他们的疾病跟牙疼一样真实，甚至比它严重上千倍。我指的是消化性疾病、胃溃疡、心律不齐、失眠、头痛，甚至某种瘫痪。因为我自己就被胃溃疡折磨了12年。我所说的话是有理有据并且是真实的。

“恐惧使人忧虑，忧虑使人紧张，从而影响到人的胃部神经，胃液分泌紊乱，引起胃溃疡。”

曾写过《神经性胃病》一书的约瑟夫·蒙泰格博士也说过同样的话。他说：“你吃的食物不会引起胃溃疡，引起胃溃疡的是那些负面情绪。”

梅育诊所的阿尔瓦雷斯医师曾说过：“溃疡随着情绪的压力起伏。”

这是他研究了梅育诊所1.5万名胃病患者的记录之后得出的。其中80%的胃病患者的病因并非是生理因素，相反，导致胃病的主要诱因是精神上的恐惧、忧虑、憎恨、极端的自私以及对现实生活的无法适应。据《生活》杂志的报道，胃溃疡现在是导致人类死亡的第十大疾病了。

我最近与梅育诊所的哈罗·海滨博士通信，得知他在全美工业界医师协会的年会上宣读过一篇论文，指出他研究了176位平均年龄为44.3岁的企业主管，大约有1/3的人由于生活过度紧张而受到心脏病、消化系统溃疡、高血压三大疾病的困扰。想想看，竟然有1/3的企业主管在45岁之前就受到这些疾病的困扰！

成功的代价何其昂贵！

第二次世界大战期间，在战场上死于心脏病的大约有 30 多万人，而同一时期却有 200 万平民死于心脏病——其中有 100 万人是因忧虑和生活过度紧张引起的。心脏病可谓是美国头号刽子手。前面提到的卡瑞尔医师说过“不能对抗忧虑的人只有早逝”，而心脏病正是最主要的原因。

著名法国哲学家蒙田在被推选为家乡的市长时曾对市民说：“我愿意用我的双手来处理市政事务，但不想为了市政损坏自己的身体。”

忧虑是各种疾病的源头

忧虑可以让你身患风湿病、关节炎，使你不得不以轮椅代步。康乃尔大学医学院的罗素·西基尔博士是世界著名的关节炎治疗权威，他列举了四种最容易得关节炎的情况：

（1）婚姻破裂；

（2）财务危机；

（3）孤独和忧虑；

（4）积怨未消。

不同的原因造成不同类型的关节炎，当然这四种情绪状况不是导致关节炎最主要的原因，但是却是在日常生活中最常见的四种原因。

举例来说，我的一位朋友在经济萧条时饱受多重压力，煤气公司停止向他供应煤气，银行提前结束了房屋抵押贷款。他的夫人便患了关节炎发病突然，多方治疗仍不见效，直到他家的经济状况好转时，她的病才见起色，经过治疗最后终于康复了。

此外，忧虑还会造成龋齿。

威廉·麦格纳格尔博士在全美牙医协会的一次演讲中提到："焦虑、恐惧等产生的不快情绪，可能影响到人的钙质平衡，使牙齿容易受蛀。"麦格纳格尔博士谈到他的一位病人，他说这个病人原本有一口健康的牙齿，但是在他的妻子得了急病住院后的 3 个星期里，他却因为担心妻子的病而有了 9 颗蛀牙，这都是由于忧虑引起的。

不久前，我陪一位甲状腺患者朋友到费城去找一位著名专家，他在这方面已有 38 年的医疗经验。在他的候诊室的墙上挂着一块大木牌，上面写着他给病人的忠告：

放松与娱乐

最能使你轻松愉快的是拥有健康的信仰、睡眠、音乐和欢笑。

——相信上帝

——学会健康的睡眠

——喜欢动听的音乐

——乐观地看待生活

健康和欢乐就会属于你。

他向我的朋友提出的第一个问题就是："你情绪上有什么困扰吗？"他警告我的朋友，如果继续忧虑下去，还可能会引发一些别的并发症，如心脏病、胃溃疡，或者糖尿病。这位名医说："所有这些疾病，它们就像亲戚一样都是互相关联的，相互影响的，其源头就是忧虑。"

第二节　忧虑会腐蚀你的青春

我采访过好莱坞女明星曼尔·奥勃朗，她告诉我忧虑一直以来都是引起她的高度重视的对象，因为她知道忧虑会摧毁她在电影发展事业上的主要资本——美貌。下面，就从她的故事说起。

忧虑让女人老得更快

她告诉我说："我刚开始步入影坛时，既担心又害怕，那时我刚从印度回来，在伦敦一个熟人也没有。我见过几个制片人，没有一个肯雇用我，我仅有的一点积蓄也渐渐用光了。有两个星期，我只靠一点饼干和水充饥。当时我不仅仅肉体上饥饿难忍，还饱受心理上的折磨，我对自己说：'也许你太傻了，也许你永远也不可能闯进电影界。你没有经验，没演过戏。除了一张漂亮的脸蛋，你还有些什么呢。'

"我站在镜子面前，开始端详里面的自己，才发觉忧虑正一步步地毁坏我的容貌！眼角不但有皱纹而且一脸的忧愁，这时的我对自己说你必须立即克服忧虑，你惟一的本钱就是容貌了，不能让你仅有的一点资本由于忧虑而毁于一旦。"

再没有什么会比忧虑使一个女人老得更快，它不仅摧毁了你的容貌，还会让你脸上出现雀斑、皱纹、溃烂和粉刺，会使咬牙切齿，会使你总是愁眉苦脸，会使你头发灰白，甚至脱落。

化妆品不能给女人解决问题

“自然化妆品”曾经有很长一段时间在日本风靡一时，与现在所说的“自然”有所不同，其化妆品的特色在于使用更加原始的原材料加工而成，比如使用赤豆、丝瓜等所谓“传统智慧”的化妆品，使那些对流行时尚极为敏感的年轻女性完全陷于其中不能自拔。这种自然化妆品的依据便是“绝不使用任何界面活性剂、防腐剂以及香料等成分”，使用这些“含对皮肤有害物质的大型化妆品生产厂家的化妆品对人的肌肤是极其危险的”等。这种极端的论调使陷于其中的女性们纷纷对著名厂家的化妆品敬而远之，甚至持否定态度，一心追捧所谓的“自然化妆品”。

在这一片热潮中，有一位为“自然化妆品”立下汗马功劳的女性，她在接受各种杂志的采访时曾语出惊人，发出豪言壮语：“除了纯自然的化妆品之外，其他都令人可怕，使用不得！”

可是大约一年之后，她又突然宣称自己是“敏感性肌肤”，开始热衷于由皮肤科医师开发研制的化妆品，说“即使不使用含有防腐剂的自然化妆品也令人可怕，使用不得”。再过了大约两年左右，她又转而竭力称赞所谓“无任何添加物”的化妆品来，对皮肤科医师开发研制的化妆品也给予了否定：“那只不过是一种错觉而已！”每当与她联系时便换了一种“爱用品”的她，后来又迷上了我只听到过名字的二线品牌的邮购化妆品，而选择的理由自然是每次都各不相同，真是很有意思。毫无疑问，她就是那种“化妆品信息源”、“超级时尚发布中心”，同时又是稍显不成熟的狂热的化妆品爱好家。

在各种化妆品间彷徨而始终没有找到适合自己的，这样的事情在谁身上都会发生的，没有什么不好，可是她的情况却稍稍有些病态，对各种化妆品先是热衷然后又幻灭，因而肌肤老是不能变得光滑美丽。尽管尝试了各种各样的化妆品，但是却一直毫无起色，脸色总是那么黯淡无光，一直在为脸上的疙瘩而烦恼。

精神解压是女人最好的化妆品

后来她又跟随时尚潮流为所谓的“冥想化妆品”而倾倒，但是脸上的肤色却丝毫未见起色，她终于发出了“难道所有化妆品都没有什么效果吗”的疑问，即使这样，她还是没有停止尝试和彷徨，先后使用了各种“冥想化妆品”。她最终将皮肤没有得到改善的原因都指向化妆品，但是旁观者则清楚地明白这绝不是化妆品的原因。

三年前，她结婚当了一名全职主妇，她听从住所附近主妇们的推荐，她又听从主妇们的建议用很受欢迎的上门推销的化妆品，但意想不到的是，她的肌肤一下子变得光滑美丽起来。

“真的是好不容易才遇上了这样好的化妆品啊！”她兴奋异常地给我打来电话。我问她：“怎么个好法？”她说：“脸上的疙瘩全都不见了，皮肤也变白了……”

我情不自禁地想：“果不其然！”

她为肌肤持续烦恼了约10年的时间，其根本原因不是因为“没有遇见好的化妆品”，而是她身体内反反复复蓄积下来的令人感觉不适的精神压力，巨大的精神压力会导致植物神经系统失调，血液循环不畅，皮肤的免疫功能低下或出现紊乱。她总是脸色黯淡，稍有不悦脸上便长出疙瘩，这全都是内在的精神压力所致。那么，持续了10年的讨厌的问题为什么会在一瞬间全面解决呢？我想大家已经明白了吧，那就是结婚。年过35岁的“闪电式结婚”，不要说周围人都觉得惊讶不已，她本人可能也最想不到会有这样的事情吧？

类似的例子还有很多。一位皮肤粗糙不堪的女性先后尝试了各种各样的化妆品，在某次人事变动后被调到了其他科室，突然间仿佛全身的毒素全部排出似的，肌肤变得光滑润洁起来；还有一位女性在与长期同居的男友分手，重新搬家之后，立即显得容光焕发，终于告别了彷徨于各种化妆品的生活。很多人的肌肤都是在变换了自己的日常生活场所后才发生了变化的。

精神化妆品才是我们需要的

然而更重要的却是，现今的时代在被称作狂热的美容爱好家的人群中，像这样类型的人——将自己不幸的原因指向毫不相干的化妆品，漫无目标地热衷于化妆品中，这样的人大有人在。这些人往往不信任“主流”化妆品，而宁愿相信自然化妆品、邮购化妆品等“支流”的化妆品，热衷于从一些二线品牌的化妆品中发现所谓的“价值”，因而她们“追求更好更有效的化妆品”的意识比一般人更加强烈，以至一直彷徨于频繁地更换化妆品的病态之中。

或许有人会认为这是“庞大的浪费”，不过我却觉得靠着化妆品或多或少解救了深陷于“暗无天日”的巨大精神压力中的她们，这也不失为一件坏事，就拿上述那位女士来说，大概甚至将“或许结不了婚”的原因也归罪于“化妆品一点也没有效果”，如果是这样的话，也不会使她产生“我不是一个好女人”、“我缺少女性的魅力”一类的自卑感。她之所以能够结婚，可以说也正是因为她并没有这种自卑感的缘故。她所反复尝试和彷徨于其中的许许多多的化妆品，即使没有治愈她肌肤上的问题，但至少减轻了她精神上的自卑感，所以说还是产生了效果的，一点也没有浪费。

日本知名的女性心理专家斋藤薰说得好：“我觉得化妆品不只是搽在肌肤上的东西，它更应该是搽拭在精神上的东西。我们经常说使用化妆品后人会变得心情舒畅，其实它还从更深层次上减轻了女性们的精神苦痛。”

忧虑不但是女人容貌的最大克星，而且还会腐蚀你的青春，所以说时时刻刻保持一份好的心情就是最好的天然化妆品。如果你不想让你的眼睛周围那些皮肤特别薄的地方过早出现皱纹，请及时脱离忧虑吧！

第三节 精神失常的原因

著名的梅育医师发现，医院里那些躺在病床上的病人，有一半患有精神疾病。可是，医术精湛的医生也不知道他们的精神疾病从何而来，因为在强力显微镜下和最现代的方法检查他们的神经时，却发现这些病人的大部分都非常健康。

经过反复的思考，最后梅育医师得出，这些病人“神经上的毛病”，不是因为神经有什么病变，而是因为悲观、烦躁、焦急、忧虑、恐惧、颓丧等负面情绪引起的。

最容易被忽视的精神疾病

柏拉图曾有过这样的论断：“医生所犯的最大错误在于，他们只治疗生理上的疾病，却忽视了精神上的疾病。其实，精神和肉体是一体的，怎么能分开呢！”医学经过了2300多年的发展，到现在才有人明白这个道理，于是开始发展一门新的医学：心理生理医学。这是用来同时治疗精神和肉体的医疗体系。

现代医学已经控制了由一系列细菌所引起的疾病，比如天花、霍乱、疟疾等曾剥夺了千万人生命的疾病。尽管如此，医学界未能治疗心理生理上那些不是由细菌引起的，而是由于情绪上的忧虑、恐惧、憎恨、烦躁以及绝望所引起的病症。这种由于负面情绪性疾病所引起的灾难正日益加重，速度快得惊人，而且其影响也日渐广泛。

医生们估计，目前美国人当中每20个人中就有1个人在某段时期得过精神病。第二次世界大战时应召的美国年轻人，每6个人中就有1个因为精神失常而无法服役。

人为什么会精神失常？没有人知道全部答案，可是在大多数情况下极可能是由恐惧和忧虑造成的。焦虑和烦躁始终困扰着人们，因而很难在现实的生活中进行自我调节，他们渐渐地脱离了周围的环境，甚至断绝所有的关系退缩到自己封闭狭小的幻想世界中，以此来逃避他们所不想面对的问题。

卡尔·曼宁格博士所著的《与自我为敌》是一本谈论忧虑的书。书中并未告诉你如何克服忧虑，却揭露了一些可怕的事实，让你看清楚人们是怎样用忧虑、烦躁、憎恨、懊悔等情绪不自觉地伤害身心健康的。

格兰特将军和罗斯福总统的忧虑

忧虑能使原本健康的人陷入困境，从而导致精神失常。在美国南北战争就要结束的那几天，格兰特将军就意识到这一点。

格兰特将军的部队包围里士满九个多月了，此时南部联军将领李将军的部队衣衫不整，食不果腹，已经被打垮了。李将军的整个军队士气涣散，有些士兵在他们的帐篷里开祈祷会又哭又叫，还有人看到了种种幻象。眼看战争就要结束了，李将军的手下放火烧了里士满城里的棉花及烟草仓库，也烧了军火库，随后乘着烈焰升腾之际连夜弃城而逃。格兰特的部队乘胜追击，从左右两侧和后方夹击南部联军，骑兵队又阻绝了补给线。

由于剧烈头痛而眼睛半瞎的格兰特无法跟上队伍，就在一家农舍停留了下来。“我在那里过了一夜，”后来，格兰特在自己的回忆录中写道，“我把我的双脚泡在加了芥末的热水里，还把芥末药膏贴在关节和后颈上，希望第二天早上不再头疼了。”

第二天早上，头果然不痛了。但是那跟芥末无关，而是因为一个骑兵带来了一封李将军的投降信。

“送信的军官到达农舍时，”格兰特写道，“我的头还疼得很厉害，可是我看了那封信后，立刻就好了。”

显然，格兰特的头痛是因为忧虑、紧张和情绪不安所引起的。一旦在情绪上恢复了自信，想到胜利，他的病就马上好了。

70年后，罗斯福总统的财政部长亨利·摩根索发现，忧虑让他头晕眼花。他在日记中写道：“当罗斯福总统为了提高小麦价格，一天之内购买了大量的小麦时，他为之非常的担心、焦虑。”他还写道：“在这件事没有结果之前，我每天都觉得头晕眼花，午餐后我得回家休息两个小时。”

假如我想知道忧虑究竟会对人产生怎样的影响，我不必到图书馆查阅资料，也不用到医院里去询问医生，我只需坐在家里静静地望着窗外，我就会看到某人因为忧虑而造成精神崩溃，还有人因忧虑而患上了糖尿病，只要股票一跌，他血液中和尿液中的糖分就会随之升高。

心理学家威廉·詹姆斯说：“上帝可能原谅我们所犯的错，可我们自己的神经系统却不会。”有这样一件令人非常吃惊而又难以置信的事实：每年死于自杀的人，比最常见的5种传染性疾病而导致死亡的人数还要多。究竟是什么导致了如此令人感到悲哀的事呢？答案是“忧虑”，这是无可置疑的。

要命的忧虑

有些残酷的战胜者在折磨俘虏时，常常把俘虏的手脚绑起来，放在一个日夜不停地往下滴水的袋子下面。水滴不断地落在头上，听来像是一次次地锥击——最后总能把人给逼疯。这种折磨人的刑罚，在西班牙内战及希特勒统治的纳粹德国集中营都曾使用过。

忧虑就好比那不停地往下滴的水，而那不停地往下滴的水，通常会使人神经失常以至自杀。

当我还是密苏里州的乡下少年时，我就曾经因为在教堂里听到了有关地狱里炼火的描述而被吓得半死。可是牧师却从来没有提到炼狱引起的恐惧及忧虑，是眼前就得付出的身心代价。如果你长期忧虑下去的话，你总有一天会得到最痛苦的病症——心绞痛。

人要是真的得了那种病，肯定会痛苦地大声尖叫的。与人的尖叫比起来，但丁的《地狱篇》听起来简直是“儿童玩具园”了。到那时，你就会对自己说：“噢，上帝啊！要是能让我好起来的话，我永远也不会再为任何事忧虑了——永远也不会了。”

你热爱生命吗？你想健康长寿吗？如果答案是肯定的，那么以下就是能使你做到的方法。我引用亚力西斯·柯瑞尔医师的一句话：“在如今高速发展纷繁复杂的现代社会里，只有能保持内心平静的人，才不会变成神经病。”

你能否在现代城市的混乱中保持自己内心的平静？如果你是一个正常人，答案应该是“可以的”、“绝对可以”。对于我们大多数人，实际上都比我们所认识的更坚强。我们身体内隐藏着许多就连我们自己也未曾发现的潜在力量。

正如梭罗所说的：“我坚信人的生活被他的意识力量所左右，如果一个人能充满信心地朝他理想的方向努力，下定决心过他想过的生活，那么他就一定会成功。”

第四节　不让压力毁了生活

在现实生活中，我们每天都在不停地忙着处理各种各样的日常工作，这些工作不仅仅能够满足我们生存的需要，同时我们也能从中寻找到快乐。但在相当多的情况下，我们其中的一些人却享受不到工作的快乐，反而痛苦于由工作压力带来的种种忧虑。

可怕的工作压力

我曾参与过一项名为“压力下的家庭健康”的调查，在接受调查的2万人中有近85%的人认为，需要学习怎样处理自己的压力。根据过去10年美国家庭医师协会的调查估计，一般的病人中，有近3/4具有与压力有关的问题。像这样类似的调查统计，引起许多公司机构与企业界领导人的热切关注，因为在过去的一年里，怠工以及与压力相关的疾病而造成的生产效益低下，已使得他们的公司损失了500亿美元。而且他们相信在两年以内，这种损失会增至750亿美元——平均每位工人要损失750美元。家庭与婚姻是受压力影响最严重的领域。一般来说，压力是婚姻问题与人际关系问题的最根本的原因之一。

艾柯森博士在他的一篇医学报告中为我们总结了一些关于工作压力带来的忧虑症状。他说："压力是精神与身体对内在、外在事件的生理反应与心理反应，具有下列特征：

"主观性——同样的事件有人觉得有压力，有人却觉得不怎么样；

"评价性——同样的压力有人认为对自己有帮助，然而有人却认为对自己有副作用；

"活动性——压力对于不同的人会产生不同程度的影响，从而导致不同的后果。"

艾柯森仔细地观察他的病人，发现80%的人因为工作的压力产生忧虑，而烦躁和忧虑致使他们的身体经常呈现如下这样一些症状：

（1）情绪。紧张、敏感、多疑、不稳定、焦躁不安、忧虑烦恼、难以放松等。

（2）生理。口干舌燥、心跳急速、异常出汗、肌肉紧绷僵硬、便秘、头痛、失眠、血压升高、全身酸痛、疲劳、精神不济、消化系统不良、新陈代谢失调等。

（3）行为。抱怨、争执、挑剔、责备、暴力、滥用药物、生活作息混乱、坐立不安等。

忧虑的主要来源就是工作压力，但忧虑最能伤害到你的时候，不是在你有所行动的时候，而是当你工作一天卸下防备的时候，这时它就会乘虚而入。

你曾否注意到，当你在工作出现过失或者差错的时候，你心中有着一股怎样强大的压力？这种压力是我们每个人都会有的，因为我们都曾经或多或少地在工作中出现过失误。

工作制造了自我压力

在得州举办的成人教育班上，一个叫玛丽·苏伊曼的女士讲述了她一段至今难忘的经历：“10年前，我刚刚从佛罗里达州立大学毕业，进入一家洗涤品公司销售部工作，当时公司新研制出了一种冰箱除味剂，首先在几家超市做了试销，效果还不错，接着上司肖恩向我布置了新的销售任务，一个星期内做出一份销售除味剂的策划案。当时我异常紧张，‘我只是个新手，为什么让我来做有这么大挑战性，而且风险又这么高的策划案？为什么肖恩不让已经在这里工作了两年的彼得去做’。就这样我心存不安地度过了前两天，我当时真实的感受是，当黎明到来的时候，我迅速起床赶到一个个社区中给每个家庭主妇分发除味剂，然后就在现场统计关于价格、包装、气味等方面的调查结果。到了晚上我面对摆在桌子上的一堆资料开始忧虑‘这样能行吗？别的同事是否会取笑甚至在会上反对这种销售方式？成功的概率到底有多少’。整个夜晚就在这样的质疑中迷迷糊糊度过。直到第四天事情开始出现转机，一位退休在家的老教授找到我们公司，急切地问我们的除味剂怎么在超市的货架上找不到。这样简短的一个问题使我不安的心瞬间平静了下来，从而打消了我的忧虑，我自信地告诉肖恩我的策划案已经完成。困扰不在了，压力也消失了，顿时感觉整个人轻松了很多，我们成功地推销了新除味剂。”虽然时隔10年了，玛丽说起这段往事依然无比的激动：“可能很多人生活中的忧虑和不快乐来自工作中的压力，其实更多的情况是，工作的压力不是因为工作本身，而是因为我们常常习惯自己给自己制造压力。”

著名的心理学者哈里·赖文生博士谈到我们对自己将来的光明前景的期待的问题。他说，我们总是尽力使每一件事尽善尽美，因为我们希望能活得更像心目中的自己。但往往期望是美好的，但现实是残酷的。实际状况与自我期望之间总是有一段距离，这距离就是引起压力的根源，也称为自我的压力。因此，理想中的我是导致潜在问题的原因。

工作的压力是可以摆脱的

前几年，我曾和一个经常联系我的商人谈话。他谈到曾经在压力下苦苦挣扎的经验。他说：

“许多年前我的上司曾经问过我，是否愿意考虑调职到日本。那将会是充分展示自我难得的好机会，但是我明白，如果我接受的话就可能会造成家庭问题。我已经因为职业的关系而搬家至四个不同的城市。记得在某一次搬家之后，我那 15 岁的大儿子，离家出走了几天以示抗议。我知道我不应再为了事业而再次搬家，因我另外一个儿子那时也已经 15 岁了，正值青春期的危险年龄。但我仍让上司将我列入考虑人选中达六周之久。

“在那段时间里，我说：‘我不会自我推荐的，上帝啊，我会让别人来决定。’我的太太琼说：‘我祷告，求神指示我们。’而我知道，这是她表示不愿意去的方式。我那 15 岁的儿子则坦白地对我说：‘爸

爸，我不要再搬家。’

“事情终于在六周后有了结果，是由另一位同事去。虽然我嘴里说‘那好啊’，但两天以后，我患了肠疾，而且并没有立刻就好，就在那个时候我才明白我的挣扎有多严重。病了四天后，半夜肚子不舒服使我醒来，我轻声地祷告：‘我现在才知道我一直在苦苦挣扎，请赦免我只想到自己的需要。请医治我与家人的关系……并且也请医治我身体上的不舒服。’那夜我也不必再爬起来了，因为我的罪已得赦免，而我的难处也随着紧张一并消失。

“从那以后我得到了宝贵的教训，当一个人不顾一切要得到某种身份或地位，而甘冒失去家庭和邻里的和谐关系这种风险时，就会丧失分辨是非黑白的能力。”

在忙碌的生活中，自我管理的能力实在很重要，而正确处理理想的自我便是其中重要的部分。或许我们生命中有90%的时间花费在自己的事情与追逐自我的理想中。我们只为自己着想，因为那会使我们陷在自我的捆绑中。古罗马有这样一句谚语：“不是负担，而是过重的负担杀死。”换句话说，是每日的压力，加上过多的焦虑伤害了我们。

有的时候工作中的压力就好比你得了感冒一样，是渐渐形成的。没人能事先警觉。因为每一个人都知道，一点点的压力不会伤害你，适当的压力或许还有些好处呢。但当有一天你可能会发现你受到的压力，已经远远超过了你所承受的负荷量，而你甚至不知道是从什么时候开始的。于是，你必须寻求一种医治的方法使你从十分疲惫的争斗中得以解脱。在这项人与压力的搏斗中，你若放弃自己的一意孤行，压力就可以减少许多。

第二章

能改变你的，只有你自己

chapter 2

第一节　一句话就能让你改变状态

1871 年春天，一个年轻人看到书里的一句话，没想到这句话影响了他的一生。

他是蒙特利尔综合医院的医学专业的学生，他的生活中充满了忧虑："怎样才能通过期末考试？该做些什么事情？该到什么地方去？如何开一个诊所？怎样才能生活得更好？"

1871 年他读到的这句话使他成为闻名一世的医生。他创建了闻名全球的约翰·霍普金斯医学院，成为牛津大学医学院的钦定讲座教授。这是大英帝国医学界所能得到的最高荣誉。他还被英王封为爵士。在他死后，人们搜集了长达 1466 页的两卷书来讲述他传奇的一生。

他就是威廉·奥斯勒爵士。

1871 年春天他所看到的那句话就是："最重要的是，不要去看远处模糊的事，而要去做手边清楚的事。"这句话使他成功地度过了他不平凡的一生，这是苏格兰史学家汤姆斯·卡莱尔所写的书中的一段话。

活在今天的方格中

当郁金香开满校园之时，正是42年后的一个温暖的春夜里，威廉·奥斯勒爵士向耶鲁大学的莘莘学子们做了一次演讲。他对耶鲁大学的学生们这样说道：“像我这样曾经在四所大学里当过教授，写过一本很受欢迎的畅销书的人，在别人看来似乎应该有着非凡的才智，其实不然。”其实他资质平平，这些他的老朋友都是知道的。既然如此，那他成功的秘诀到底是什么呢？他认为完全归功于“活在今天的方格中”。“一个完全独立的今天”，这句话是什么意思呢。

在去耶鲁演讲的几个月以前，他曾乘一艘很大的海轮横渡大西洋。他注意到船长站在驾驶舱里按了一个按钮，在一阵机器运转的响声后，船的几个部分就立刻彼此隔绝开了——隔成几个防水的隔舱。奥斯勒博士对那些耶鲁的学生说：“你们在座的每一个人，都拥有一幅比轮船精密得多的有机体，而且有更遥远的航程。在这里我建议你们要学会控制自己的一切。”只有悟守“活在今天的方格中”，才能在茫茫的大海中确保自己的安全。在驾驶舱中，每个按钮都有各自的用处。按下一个按钮，注意观察你生活中的每一个侧面，用铁门把过去隔断，隔断那些已经逝去的昨天；按下另一个按钮，用铁门把未来也隔断，隔断还未发生的明天。这时你就安全了，你今天所拥有的一切都将会与世隔绝！埋葬已经逝去的过去，切断那些会把傻瓜引上死亡之路的昨天。明天的重担加上昨日的负荷，一起要在今天背负，就算再坚强再勇敢的人也会胆怯。要把未来像过去那样紧紧地关在门外。未来就在于今天，不存在所谓的明天，人类的救赎就是现在。浪费精力，整日为未来而焦虑发愁只能拖累自己。那么，请把舱门关得紧紧的吧，养成一个良好的习惯，“活在今天的方格中”。

难道奥斯勒博士是主张人们不要努力为明天做准备了吗？不是，绝对不是。在那次讲演中，他接着说道：“集中所有的智慧，聚集所有的热忱，把今天的工作做得尽善尽美，这就是你迎接未来的最好方法。”

奥斯勒爵士鼓励耶鲁大学的学生们在新的一天来临时，祈祷：“请赐予我今日之粮。”

记住，这句祈祷词中仅仅要求今日之粮，并没有抱怨昨天我们吃的酸面包，也没有说：“噢！主啊！麦子地里的麦子一片干枯的样子，我们可能又遇到一次旱灾。那样的话明年我们还能吃上面包吗？或者，万一我失业了，噢！主啊！那时我又吃什么呢？”

这句祈祷词告诉我们只能要求今天的面包，而且也只有今天的面包我们才可能吃到。

不要为明天烦恼

很久以前，有个身无分文的哲学家流浪到一处贫困的乡村，那里的人们过着非常艰苦的生活。某一天，在山顶上一大群人围拢在他的身边听他讲学。就在当时他说出了一段也许是有史以来被引用最多的名言。这段话虽然仅仅只有 29 个字，但却包含了丰富的哲理，而且经历了几个世纪，世世代代地流传了下来，那段话就是：“不要为明天烦恼，因为明天自有明天的烦恼，一天的难处一天当就够了。”

但很多人都不赞同这句“不要为明天烦恼”的至理名言。这些人认为这是一种多余的忠告，认为那只是具有东方神秘主义的教条，太消极了，始终让人难以相信。他们说：“我一定得为明天着想，我必须得买保险来保证我家人的生活；我得把钱存起来以备年老之时的需要，我一定得为将来做计划和准备。”

不错，这一切都是必不可少的。实际上，那句300多年前翻译的耶稣的话跟今天人们所理解的意思还是有误差的。现在忧虑一词所代表的意义和当年詹姆斯王朝时期所代表的意义截然不同。300多年前，忧虑一词通常还有焦急的意思。新译《圣经》把耶稣的这句话译得更加准确：“不要为明天焦虑。”

令人触目惊心的是，目前医院里住着的一半以上的病人都是由于精神问题所导致的。他们被昨日的负担与对明日的恐惧压得喘不过气来。其实他们当中的大部分人根本不必住院治疗，只要他们能牢记耶稣的这句话“不要为明天忧虑”，或者能记得奥斯勒爵士说的“活在今天的方格中”，他们就都能无忧无虑地走在街上，过着快乐而有意义的生活了。

此时此刻，你我都站在两个永恒的交汇点上，一个是无法磨灭的往日，另一个是永无尽头的未来。但是，我们不可能生活在这两个永恒之中，哪怕是一秒钟也不行。如果你要勉强那样的话，只会摧残你的身心健康。既然如此，就让我们以生活在这一刻而感到满足吧，从现在到上床睡觉的那一刻。罗勃特·史蒂文森说：“不论身上的担子有多重，人都要勇敢坚强地扛下去，直到夜幕降临。不论工作有多苦，人都能努力完成。如果人都能够像这样度过每一天，那么我们就会甜美温馨、坚强勇敢、内心纯洁而高尚地生活下去。其实这也就是生命的真谛。”

总之，尽量为明天做好周全的计划吧，但要记住的是我们永远不要为明天担忧。

第二节　摆脱忧郁的万灵公式

你想掌握一种快速、有效，一学就会的排解忧虑的方法吗？那么就让我来告诉你威利·卡瑞尔先生所使用的方法吧。当面临忧虑的时候，应用威利·卡瑞尔的万灵公式，我们可以分三步来调整自己的心理状态：

（1）自己要清楚地明白可能发生最坏的状况是什么？

（2）因而做好迎接它的准备。

（3）从而冷静思考找出解决问题的方法。

卡瑞尔排除忧虑的万灵公式的由来

卡瑞尔是一位卓越的工程师，现在他是世界著名的卡瑞尔公司的负责人，他开创了空调制造行业。这是我听说过缓解忧虑最快速、最有效的方法之一，此方法是我与卡瑞尔先生在纽约的工程师俱乐共进午餐时，他亲口告诉我的。卡瑞尔先生说：

“年轻的时候，我在纽约州水牛城的水牛钢铁公司做事。一次，公司派给我一项任务，是去密苏里州水晶城的匹兹堡玻璃公司的下属工厂安装瓦斯清洗器，这种装置的目的是清除空气中的杂质以避免伤害发动机。这种清洁空气的方法是十分先进的，以前我们也只安装过一次这种装置，而且当时的情况跟现在完全不一样。但是，这次在密苏里州水晶城的安装工作却出现了意想不到的困难。几经周折后机器终于正常地运转了，但是性能没有达到我们预期的指标。

“这次的失败给我当头一棒，我对自己的失败感到诧异。我的胃、内脏都翻搅扭曲在了一起，那段时间使我寝食难安。

“最后，理智告诉我这样下去不是办法，忧虑并不能解决问题，于是我找出了一种处理问题的方法，这个方法非常有效，30 多年来我一直采用这种方法来排解忧虑。方法其实很简单，任何人都可以使用，其中有三个步骤。

“第一步，当我们遇到问题时应坦然地分析目前的状况，以及由于失败而造成的最严重的后果。我总不至于会被投入监狱或者遭枪决，这一点是毫无质疑的。当然我可能因此会丢掉饭碗，我的老板会收回机器和 2 万美元的投资。

“第二步，在考虑过可能发生的最坏的状况后，我鼓励自己接受它。我告诫自己，这次失败会在我的职业生涯中留下一个污点，也可能让我丢掉工作。即便如此我一定会找到比这更好的工作。失败的后果也可能会更严重；至于我的老板，他会投入资金试验一种新的清洁空气的方法，他还是承担得起另外 2 万美元的试验费用的。

“一旦把最坏的情况估计出来并接受了它，立即产生了重要的结果，我紧绷的神经马上放松了，并感受到了许多天来不曾有过的平静。

“第三步，心情平静下来后，我就开始把自己全部的时间和精力投入到改善我已经接受了的最坏结果中去。

“接着我努力想一些补救办法，来减轻可能造成的2万美元的损失。经过几次测验，我发现只要再多花5000美元安装一个辅助的设备，问题就可以解决。果然，这样做了以后，公司不但没有损失那2万美元，反而赚了1.5万美元。

“如果当时的我一直忧虑下去的话，也就无法取得当时的成功了。忧虑它不仅会降低我们集中精力思考问题的能力，还会使人思维混乱。但是，一旦强迫自己去面对最坏的状况并从心底里接受它，就会柳暗花明又一村，并集中时间精力去解决这个问题了。

“这件我亲身经历的事已经过去许多年了，不过从那时起，我一直都使用这个方法，而且效果显著。结果，我的生活里几乎很难再有烦恼了。”

不能改变，接受是最好的选择

卡瑞尔的这个万灵公为什么会对人的心理产生这么行之有效、有价值的作用呢？因为它能够把从我们漫无边际的烦恼中拉回到现实生活中。一旦我们认清了自己的立场，就知道自己身在何处。假如我们没有认清自己的处境，又怎么能指望自己有清晰的思考力呢？

已经去世38年的心理学之父威廉·詹姆斯教授，假如他还活着，想必也会赞同以这种方法来面对最坏的状况。至于为什么我会这么肯定地说，是因为他曾说过："要乐意接受既成事实，因为接受现实是克服突如其来不幸的第一步。"

中国著名作家林语堂在他那本深受欢迎的《生活的艺术》中阐述了同样的观点，他说："心理的宁静来自能接受困境。因为它能释放心灵的能力。"

这话说得简直太到位了。它能释放心灵的能力！一旦我们接受了最坏的结果，我们也就没有什么可损失的了。这就意味着我们失去的一切都有希望回来了。"有能力面对最坏的状况后，"卡瑞尔说，"我就会立即放松下来，烦躁的心情也恢复了平静，只有等心情放松下来了我们才能有时间、精力去思考问题。"

很有道理吧！可是现实生活中还有许许多多的人拒绝接受最坏的境况，拒绝改善现存的问题，拒绝拯救自己。不去重新构建自己的大厦，一直沉浸在过去错误的悔恨之中。为了愤怒毁了原本平静而美好的生活，因而成为忧郁症的牺牲者就在所难免了。

第三节　彻底破解忧虑之谜

用前面提到的卡瑞尔的"万灵公式"，能够彻彻底底地帮你处理日常生活中令你忧虑的所有问题吗？当然是不可能的。除了这个公式，到底还有没有什么更好的方法呢？答案是肯定的。只要我们用以下三个基本步骤来分析问题，就能彻底解决那些形形色色、让我们忧心忡忡的难题。这三个步骤是：

（1）找出忧虑的根源；

（2）分析事实的真相；

（3）作出决断并付诸行动。

或许你会觉得这太简单了？不错，这就是亚里士多德教给别人，并且很多人用来屡试不爽的简单方法。如果忧虑一直对你纠缠不休，让你日日夜夜如在地狱中煎熬，那么这一招必定能派上用场。

找到让你忧虑的事实

我们不妨先来看第一个步骤：找出使你忧虑的根源。这个步骤为什么如此重要呢？因为如果连忧虑的根源都查不清楚，我们又怎么能理性客观地解决问题呢？如果理不清实际情况，我们也就无从着手。已故的哥伦比亚大学郝伯特·赫克斯院长曾用此方法帮助20万个学生解除了忧虑。他告诉我说：

“认识不清、困惑不解是使人产生忧虑的原因。世人之所以忧虑，大多是因为对引发忧虑的事实缺乏了解，因而胡乱揣测，最终妄下结论所产生的。要是我有一个问题，必须在下星期二下午三点之前解决，那么在本周我肯定不打算做出决策。这段时间我只会集中精力去查清有关这个问题的所有事实，我不会为此忧虑操心，更不会辗转失眠，除了专心致志查清事实以外，其他都抛之脑后。等到下周星期二，我已经大体上把这件事的来龙去脉弄清楚，问题基本也就迎刃而解了。”

我问赫克斯院长，这是否意味着他已经从忧虑的烦恼中解脱出来？他回答说：“是的，我现在的生活已经彻彻底底地和忧虑说再见了。我相信，如果一个人能够以理性、客观的态度，竭尽全力去查明事情发生的真相，那么他的忧虑将会在理性之光的普照下消失得无影无踪。”

请允许我赘述一遍：“倘若人们能够专注于查明真相，他们的忧虑便会在理性之光普照下自动消亡。”

思考问题的时候，最忌讳就是那些主观、独断、感情用事的人，我们必须要像赫克斯院长倡导的那样，以“理性、客观”的态度去查明引发忧虑的事实真相。

做到“理性、客观”对于那些深陷忧虑之中的人们并不是一件容易的事情，因为他们往往已经被情绪所控制而不能自拔。不过，以下两种办法有助于我们采取客观公正的态度去查出真相：

（1）在查明事实的过程中，我们可以假装是在为他人搜集资料，而不是在为自己，这样就可以保持冷静而客观的态度。

（2）假如一定要在陷于忧虑时去调查引发忧虑的根源，我会让自己站在对方的立场，甚至做对方的辩护律师。这也意味着，我会清清楚楚地发现那些对于我不利的因素，虽然这样做我并不乐意，但为了做到“理性、客观”，我必须如此。

当正反两方面所有事实都一一呈现，你往往会发现，真理其实就隐藏在它们中间。

在此需要着重说明的是：无论你我，即便是爱因斯坦，甚至美国最高法院法官，也无法在查明事实真相之前做出明智正确的决断。临终时，爱迪生多达 2500 本的笔记满满记录着他分析处理问题的事实根据。

因此，解决问题的第一个办法是查明引起忧虑的根源。我们必须谨记赫克斯的忠告：在未曾以客观、理性的态度查清全部事实之前，不要匆匆忙拿出解决问题的方案。

分析事实，消除忧虑

但是，如果仅查明事实，而不对事实加以分析，也可能对我们产生误导，那样就毫无意义。

根据个人经验，我认为更好的方法就是，把事实写下来更便于进一步分析。实际上，仅仅只是把查清的事实和面临的问题直观地写在纸上，就非常有利于我们做出合理的判断。正如发明家查尔斯·凯特林所说的："把问题陈述得条理清楚，问题就已经解决了一半。"

多年的经验告诉我，果断做出决定对于解决问题大有帮助。如果老是犹豫不定，所导致的惟一后果就是自己深深堕入彷徨无助、如坐针毡、濒临崩溃的境地。在我看来，一旦明确无误地做出决定，那么一个人 50%的忧虑就已经烟消云散；此时如果再趁热打铁，具体实施该决定，余下 40%的忧虑也将消失得无影无踪。

综上所述，只要把以下 4 个步骤落到实处，我就能消除 90%的忧虑：

（1）准确写出我所担心的事情究竟是什么；

（2）针对所担心的事情，我下一步将会怎样；

（3）选择并做出最终决定；

(4) 把决定付诸于实践。

后来，格兰·里奇费尔曾担任斯达·帕克·菲里曼公司远东区负责保险业务的总裁，并成为亚洲地区最著名的美国商人。再后来，我聆听了他诚挚的忠告：这种分析原因、正视并化解忧虑的方法是他成功的法宝。

为什么他的办法确有效果呢？因为这些步骤细致周密，极具实用性，直指问题的关键所在。其中第四步——把决定付诸于实践。是至关重要、不可或缺的。另外，查清令你忧虑的事实，分析事实的真相，做出决断并付诸行动这3个环节必须有效结合、缺一不可，否则查清事实并进行分析就完全徒劳无功，不能落到实处，最终没有任何意义。

心理学家威廉·詹姆斯说得好："一旦做出决定，就要果断付诸实施，切忌犹豫不决。"他想告诉我们的是，只要基于事实和深入分析，已经做出了审慎周详的决定，就应该立即转化为行动，不要迟疑犹豫、摇摆反复和自我怀疑。

我跟怀特·菲利浦——俄克拉何马州最成功的石油商谈到决策实施问题时，他说："不要想得太多，否则容易造成疑虑和困惑。有时候，过多纠缠于查证和思考反而没有好处，必要时我们必须当机立断，坚决按照既定决策实施，绝不能优柔寡断、错失良机。"

第四节 消除工作上的忧虑

如果你是个生意人，也许会认为："这个标题真是滑稽可笑。我干这行已经十几年了，居然有人想要告诉我怎么消除生意上 50%的忧虑——简直是荒谬绝伦。"

这话一点也不错。几年前如果换做是我看到这样的标题也会和你有相同的感觉。这个标题看上去貌似能够帮助你，实则不值一文。

那就让我们坦诚布公地谈谈吧。也许我的确不能帮你解决生意上 50%的忧虑，从我刚才分析的结果来看，除了你自己，没有人能做到这一点。可是，我所能做到的是，让你看看别人是怎样做的，剩下的就要看你了。

做好工作，不给忧虑留时间

前面曾经提过世界著名的卡瑞尔博士的这句话："不知如何对抗忧虑的人，往往英年早逝。"

既然忧虑的后果如此严重，那么，如果我能帮助你消除——即使是其中的10%，你也是非常高兴的。以下告诉你的这位企业家他不仅消除了50%的忧虑，还节省了70%的时间用于开会和处理生意上的各种问题。

当然，我不会平白无故地告诉你那些根本无法证实的事情，以下我所要讲的这件事情是个活生生的例子，其主角是一个叫里昂·青孟津的人。多年来，他一直是西蒙出版社几个高层单位的主管之一，现任纽约州纽约市袖珍图书公司的董事长。

下面就是他15年以来的亲身经验："15年来，我几乎每天都要花一半的时间开会和讨论问题。会上大家很紧张，坐立不安、走来走去，彼此辩论、绕圈子。一天下来我感到筋疲力尽。如果有人对我说我可以减去开会时间的3/4，可以消除3/4的神经紧张，我一定会认为他是痴人说梦。可是我却制定出一个恰好能做到这一点的方案。这个办法我已经用了8年，无论是在工作上还是在生活上，对我都会有意想不到的好处。

"下面就是我的秘诀。第一，我立即停用我们一直以来所用的会议流程，从而避免先把问题详细地报告一遍，然后再问'怎么办'的问题再次发生。第二，我订下一个新的规矩，任何一个想要回答问题的人必须先准备一份书面报告，回答以下4个问题。"

（1）问题发生的根源在哪里？（以前我们常常花上一两个小时，还没人弄清楚真正的问题在哪里。）

（2）究竟为什么会出现这个问题，其原因是什么？（我吃惊地发现我浪费了很多时间。却没能清楚地找出造成问题的基本情况是什么。）

（3）解决问题的方法有哪些？（过去会上一个人建议采用一种方法，另一个人会跟他辩论。辩论常常跑题，开完会也拿不出几种办法。)

(4) 你建议用哪种办法？（过去开会总是花几个小时为一种情况担心，不断地绕圈子，从未想所有可行的方法，然后写下来。这是我建议的解决方案。)

“现在，我的部下很少把问题拿上来了。因为他们发现，在认真地回答了上述 4 个问题之后，最妥当的方案就会像杯子里的水满了自然而然地溢出来一样。即使非讨论不可，所花时间也不过是过去的 1/3，因为讨论的过程有条理而且合乎逻辑，最后都能得到很明智的结论。”

工作用头脑，你就少烦恼

美国保险业的巨子法兰克 · 毕吉尔，运用类似方法不仅消除了烦恼，而且增加了收入。他说：

“我刚开始推销保险的时候，对自己的工作充满了热情。渐渐地使我非常气馁。我开始看不起我的职业，几乎都要辞职了，可是我突然想到一件事，在一个星期六的早晨，我坐下来，想找出我忧虑的根源。

“我首先问自己‘问题到底是什么’。我的问题是我拜访过那么多人，成绩却不理想。顾客明明和我谈的很好但最后却对我说：‘我再考虑考虑，下次来再说吧。’可最后快要成交时，我不得不花时间再去找他，这点使我非常沮丧。

“我会先问自己有没有什么具体的解决方案。如果有的话，我当然得先研究一下过去的情况。我拿出过去 12 个月的记录本，仔细看看上面的数字。

“我吃惊地发现，我所卖的保险有 70% 是在第一次见面成交的，另外有 23%是在第二次见面成交的，只有 7% 是在第三次、第四次、第五次才成交。实际上，我的工作时间，几乎有一半都浪费在那 7% 的业务上了。

“那么答案是什么呢？很明显，我应该尽量使交易在第一次见面的时候就成交，避免再进行第二次交易，空出的时间用于寻找新的顾客。结果令人大吃一惊，在很短的时间内，我就把平均每次赚 2.70 美元的成绩提高到了 4.27 美元。”

法兰克·毕吉尔现在每年接进的保险业务都在 100 万美元以上。可是他曾经想放弃他那份业务，几乎要向失败低头。但意想不到的是他能静下心来冷静地分析问题使自己走上成功之路。

以下的这几个问题看看你能否解答：

（1）问题是什么？

（2）其问题的成因是什么？

（3）可能解决问题的方法有哪些？

（4）哪种解决问题的方法会比较好？

第五节 选择更多的自由

每个人的身上都蕴藏着一种不可估计的力量——选择的力量，如果认清并加以正确利用的话，那么生活中的快乐就会比以前要多得多。

选择自己独特的行为方式

国际著名的精神病学家弗兰克是犹太人，在第二次世界大战时曾被关进德国纳粹集中营。

弗兰克在纳粹德国的死亡集中营里，遭受了一般人所不能够忍受的虐待，甚至在重述他的这些事情的时候都会使我们心惊胆战、不寒而栗。

他的父母、兄弟和妻子不是被送进毒气室就是死在集中营里。除了一个妹妹，他的全家都完了。弗兰克自己遭到的拷打和侮辱数不胜数，从来不知道下一步是走进毒气室，还是置身于“幸免于难”者的行列。他当时的“工作”就是搬运遇难者的尸体或铲除他们的骨灰。

一天，当他被剥去衣服单独囚禁在一间窄小的牢房里时，他开始意识到了他后来称之为“最后一点人类自由”的东西，这种自由是纳粹看守无法剥夺的。他们可以控制他的身体，甚至他们可以对他的肉体肆意妄为，但弗兰克是一个具有自我意识的人，他可以像一个旁观者那样注视着自己正陷入的境遇。每当他遇到这种残忍虐待时，弗兰克就会设想自己处在不同的环境中，诸如想象他从死亡集中营获释后在向他的学生讲课。在教室里他描述他在集中营里所遭遇的状况，并将他在严刑拷打中得出的训诫告诉他的学生。

通过一系列这种心智、情绪和精神上的锻炼，主要是运用记忆力和想象力，他行使起他所拥有的微不足道和萌芽状态的自由，直至这种自由变得越来越大，直至他比看守他的纳粹狱守具有更多的自由。表面上，这些狱守具有更大的行动自由，即在他们所处的环境里进行选择的自由；而有所不同的是弗兰克拥有的是心灵上的自由，即进行选择的更大内在力量。他成为他周围的人甚至成为某些狱友的力量源泉。他帮助他人寻找蒙受痛苦的意义，寻找他们囚禁生活中的尊严。

之后，弗兰克得出结论：只有一种东西是不可剥夺的，那就是人类的自由。在任何情况下选择自己态度的自由，选择自己独特的行为方式的自由。

个人意识到自己的存在，认同自己的存在，已是一件不简单的事；个人能透视自己的命运，掌握自己的命运，更是件不容易的事。

人生的主宰者是你自己

克莱门特·斯通曾讲过这样一个故事：

一个名叫佛克尔的黑人青年，生活在底特律的一个环境非常差的贫民区里。在他的童年时期就缺少爱和正确的引导，因而和别的坏孩子学会了逃学、破坏财物和吸毒。他刚满 12 岁就因为抢劫一家商店被逮捕了；15 岁时因为企图撬开办公室里的保险箱再次被捕；后来，又因搭伙武装打劫一家酒吧，被作为成年犯第三次送入监狱。

一天，监狱里一个年老的无期徒刑犯劝他，让他多为自己的以后着想，做一些自己的事情，不要自暴自弃，瞧不起自己，要对自己充满信心。

佛克尔反复思索老囚犯的这席话之后做出了决定。虽然他还在监狱里，但他突然意识到，他具有一个囚犯能拥有的最大自由：他能够选择出狱之后干什么；他能够选择不再成为恶棍；他能够选择重新做人，当一个垒球手。

5 年后，佛克尔成了全国明星赛中底特律老虎队的队员。底特律垒球队当时的领队——在友谊比赛时访问过监狱，由于他的努力使佛克尔假释出狱。

不到一年，佛克尔就成了垒球队的主力队员。

尽管佛克尔曾陷于生活的最底层，尽管他有着不堪的过往，然而，他认识到了真正的自由，这种自由是我们人人都有的，它存在于自由选择的绝对权力之中。这种权利是为我们每个人所特有的。

佛克尔也可以推脱说：现在我在监狱里，我无法选择，我能选择什么呢？但他却没有，他说的是："我能够做出决定。"

这种自由选择的权利是你作为自己生活主宰所拥有的最有力的工具。这种权利是区别人和动物以及其他存在物的特征。

世界上许多人都说无法选择，不存在什么个性自由。他们狭隘地认为决定人的行为的只是机遇。这种说法是比较偏激的，因为我们的选择权掌握在我们自己的手中。

第三章

赶走忧虑，解放自己的心灵

chapter 3

第一节　让自己保持忙碌起来

每个人都希望自己能够远离忧虑，我也毫不例外，可是，忧虑总会突如其来使我们防不胜防。当忧虑缠上我们的时候，我们应该怎样才能赶走它呢？这是一个值得思考的问题。

忙是带走忧伤的船

我的成人教育班上有个叫马利安·道格拉斯的学生告诉我，他家里曾遭受过两次不幸。第一次，他失去了一个自己非常钟爱的5岁的女儿。他和妻子都以为他们没有办法忍受这个打击。更不幸的是，“10月后，我们又有了另外一个女儿——而她仅仅活了5天”。

这接二连三的打击几乎使人崩溃，马利安·道格拉斯告诉我们：

“我睡不着，吃不下，无法休息或放松，精神受到致命的打击，信心丧失殆尽。吃安眠药和旅行都没有用。我的身体好像被夹在一把大钳子里，而这把钳子愈夹愈紧。

“不过，感谢上帝，我还有一个4岁的儿子，他教给我们解决问题的方法。一天下午，我呆坐在那里沉浸在丧女的痛苦之中，他问我：

‘爸，你能不能给我造一条船？’我实在没兴趣，可这个小家伙很缠人，我只得依着他。

“造那条玩具船大约花费了我 3 个小时，等做好时我才发现，这 3 个小时是我许多天来第一次感到放松的时刻。

“这使我恍然大悟，这是我这几个月以来第一次用心去思考。我明白了，如果你忙着做费脑筋的工作，所有的忧虑都会抛之脑后。对我来说，造船就把我的忧虑整个冲垮了，所以我决定使自己不断地忙碌。

“第二天晚上，我巡视了每个房间，把所有该做的事情列成一张单子。有好些小东西需要修理，比方说书架、楼梯、窗帘、门把、门锁和漏水的龙头等。两个星期内，我列出了 242 件需要做的事情。

“从此，我使我的生活中充满了启发性的活动，每星期两个晚上我到纽约市参加成人教育班，并参加了一些小镇上的活动。现在任校董事会主席。还协助红十字会和其他机构的募捐，现在的我忙得不可开交，没有时间去想其他的问题。”

忧虑是“乘”闲而入的

没有时间忧虑，这正是丘吉尔在战事紧张到每天要工作 18 个小时时说的。当别人问他是不是为那么重的责任而忧虑时，他说：“我太慢了，我没有时间忧虑。”

伟大的科学家巴斯特曾说：“在图书馆和实验室能找到平静。”因为在那里，人们都埋头工作，没有时间为别的事而担忧。做研究工作的人很少有精神崩溃的，因为他们没有时间来享受奢侈的忧虑。

著名诗人亨利·朗费罗，当他的妻子不幸因烧伤而去世后，他几乎发疯。幸好他有 3 个幼小的孩子需要他照料。父兼母职，他带他们散步、讲故事，和他们一起嬉戏，并把他们父子间的感情永存在《孩子们的时间》这一诗里。他还翻译了但丁的《神曲》。忙碌使他重新获得心灵上的安慰。就像班尼生在最好的朋友亚瑟·哈兰死的时候，曾经说过的："我一定要让自己沉浸在工作里，否则我就会因绝望而烦恼。"

我们空闲的时候喜欢胡思乱想。这时，忧虑、恐惧、憎恨、忌妒和羡慕等情绪就会填充进来，因而会扰乱我们思想中原有的平静和快乐。

对大多数人来说，在日常生活忙的不可开交或者沉浸在工作中的时候，或许就不会有太多的烦恼。可是，就在我们下班后能自由自在地享受悠闲和快乐的时候，突如其来的忧虑就会开始向我们进攻。这时候，我们常常开始想：我的生活中有哪些成就，我的工作有没有上轨，上司今天说的那句话是否有"特殊的含义"，或者，我的头发是否开始秃了……

詹姆斯·马竭尔是哥伦比亚师范学院教育学的教授，他有句话说的好："忧虑最能伤害你的时候，不是在你有所行动的时候，而是在一天的工作结束以后。这时你的想象力开始混乱，使你把每一个小错误都加以夸大。你的思想就像一辆没有装货的车子横冲直撞，撞毁一切，直至把自己也撞成碎片。消除忧虑的最好办法，就是让自己忙着干任何有意义的事情。"

不要给忧虑留时间

我认识纽约的一个企业家，他常常使自己忙碌起来，从而赶走脑袋里的“胡思乱想”，使自己没有时间去烦恼和忧虑。他叫屈伯尔·郎曼，也是我成人教育班的学生。他征服忧虑的经历不仅特殊而且非常有意思。所以，下课之后，我请他和我一起去吃夜宵，我们在一家餐厅中谈着他的那些经历直到深夜。以下就是他的故事：

“18 年前，我因忧虑过度而患失眠症。当时我精神非常紧张，脾气暴躁，而且很不稳定，我感觉就快要患精神分裂症了。

“那么导致我忧虑的原因是什么呢？我当时是纽约皇冠水果制品公司的财务经理。我们投资了 50 万美元，把草莓包装在一加仑装的罐子里。20 年来，我们一直把这种一加仑装的草莓卖给制造冰激凌的厂商。后来有段时间，我们的销售量大跌。那些大的冰激凌制造商，像国家奶制品公司之类的，产量急剧增加。为了节省时间、降低成本，他们都买 36 加仑一桶的桶装草莓。

“我们不仅无法销售 50 万美元的草莓，而且根据合同规定，在今后的 1 年之内，我们还必须继续购买价值 100 万美元的草莓。我们已经向银行借了 35 万美元，现在，既无法还清借债，也无法筹集到需要的款项，为此我感到非常忧虑。

“我赶到我们在加利福尼亚州华生维里的工厂里，为了使情况有所改变我决定把事情向总经理汇报，告诉他事情的严重性。但他不肯相信，却把这些问题的全部责任都归罪于纽约的公司的那些可怜的业务人员身上。

“经过好几天的努力后，我终于说服他不再按旧的方式包装草莓，而把新的制品放到旧金山的新鲜草莓市场上卖。这样做才能大致解决我们大部分问题。原本以为我可以不再忧虑，可是，我仍然无法做到这一点。忧虑是一种习惯，然而现在的我已经彻彻底底地被这种习惯所感染了。

“回到纽约之后，我又开始为每一件事担忧。对在意大利购买的樱桃、在夏威夷购买的凤梨等，我都非常紧张不安，睡不着觉。就像我刚刚说过的那样，我简直就快要精神崩溃了。

“在绝望中，我决定换一种崭新的生活方式，从而治好了我的失眠症，也使我不再忧虑。我必须付出所有的精力和时间尽量使自己忙碌起来。以致没有时间去忧虑。过去，我每天工作 7 个小时，现在我开始每天工作 16 个小时。我每天清晨 6 点钟就到办公室。一直待到半夜。我承担新的任务，负起新的责任。等我半夜回到家的时候，总是筋疲力尽地倒在床上，很快便进入梦乡。

“经过了 3 个月的不懈努力，我终于改掉忧虑的习惯，又重新回到每天工作 7 ～ 8 个小时的正常情形。这件事情发生在 18 年前，从那以后，我就没有失眠过。”

萧伯纳说：“让人愁苦的秘诀就是，空闲时间来想想自己到底快活不快活。”所以不必去想它。让自己忙碌起来，你的血液就会开始循环，你的思想就会开始变得敏锐。让自己一直忙着，这是世界上最便宜的一种药，也是最有效的一种解药。

第二节 用概率法排除忧虑

小时候的我心中充满了忧虑。我担心会被活埋，我怕被闪电击死，还怕死后会进地狱。我怕一个叫詹姆怀特的大男孩会割下我的耳朵——像他威胁过我的那样；我怕女孩子在我脱帽向她们鞠躬时会取笑我，我怕将来没有一个女孩子肯嫁给我……我常常花几个小时在想这些不着边际的问题。

担心的事发生的概率很小

日子一年年过去了，我发现我所担心的事情中，有99%根本就不会发生。现在我知道，无论哪一年，我被闪电击中的机会都只有三十万分之一。而活埋，即使是在发明木乃伊以前的日子里——1000万个人里可能只有1个人被活埋。

每8个人里就有1个人可能死于癌症。如果我一定要发愁的话，也应该为得癌症发愁，而不该去发愁被闪电击死或遭到活埋。

事实上，我们很多成年人所担心的事情常常都是非常荒谬的。如果我们根据概率评估一下我们的忧虑究竟值得不值得，我们90%的忧虑就会自然消除了。

伦敦罗艾德保险公司是全世界最有名的保险公司，其就是靠人们对发生率极低又足以令人担心的心理取得成功的。它是在和一般人打赌，不过被称之为保险而已。实际上，这是以概率为依据的一种赌博。这家大保险公司已经有 200 年的良好历史了，除非人的本性会有所改变，它至少还可以继续维持 5000 年。而它只是将你保鞋子的险、保船的险，利用概率来向你保证那些灾祸发生的情况，并不像一般人想象的那么常见。如果我们查查概率，就会因我们所发现的事实而惊讶。比如，如果我知道在 5 年以内，我就得打一场盖茨堡战役那样激烈的仗，我一定会乐坏了。我一定会想尽办法去增加我的人寿保险费用；我会写下遗嘱，把我所有的财产变卖一空，我会说："我可能无法活着熬过这场战争，所以我最好痛痛快快地活着。"但事实上，根据平均率，50 ～ 55 岁之间，每 1000 人中死去的人数，和盖茨堡战役里 16 万士兵中每 1000 人中平均阵亡的人数相等。

担忧的事不大可能发生

一年夏天，我在加拿大遇到了何伯特 · 沙林吉夫妇，沙林吉夫人给我的印象是一个很平静、很沉着的妇女，她从来没有忧虑过。一天晚上，我问她是不是曾因忧虑而烦恼过。"烦恼？"她说，"我的生活都差点被忧虑毁掉。在我学会征服忧虑之前，我受了整整 11 年的煎熬。那时我脾气不好，很急躁，生活在非常紧张的情绪之下。买东西时我都会发愁——也许房子烧了，也许佣人跑了，也许孩子们被汽车撞死了……我常因发愁弄得冷汗直冒，冲出商店，跑回家去，看看一切是否都好，这一切最终导致我第一次婚姻的失败。

“我第二任丈夫是一个律师，不仅文静分析能力也很好，从不为任何事情忧虑。每当我紧张或焦虑的时候，他就对我说‘不要慌，让我好好地想一想……你真正担心的到底是什么呢？我们分析一下概率，看这种事情是不是有发生的可能’。

“记得有一年夏天，我们到落基山区露营。一天晚上，我们把帐篷扎在海拔 7000 英尺的地带，突然遇到了暴风雨。帐篷在大风中抖着、摇晃着，发出尖厉的叫声。我每分钟都想帐篷要被吹垮了，要飞到天上去了。当时的我非常害怕，于是我的丈夫安慰我说：‘亲爱的，我们有几个印地安向导，他们对这儿了如指掌，他们说在山里扎营已有六七十年了，从没发生过帐篷被吹跑的事。根据概率，今晚也不会被风吹跑帐篷。即使真吹跑了，我们也可以躲到别的帐篷里去，所以你不用紧张。’我放松了精神，结果那一夜睡得很安稳。而且什么事也没发生……‘根据概率，这种事情不会发生’，这句话摧毁了我 90%的忧虑，使我过去这 20 多年的生活过得十分美好而又平静。”

几乎所有的忧虑和哀伤都是来自想象

乔治 · 库克将军曾说过：“几乎所有的忧虑和哀伤并非来自现实，而是来自我们的胡乱猜想。”

回顾过去的几十年，我发现我的大部分忧虑也是这样产生的。詹姆 · 格兰特告诉我，他的经验也是如此。每次当他从佛罗里达购买水果（如橘子）时，脑子里常有些怪念头，如“万一火车失事怎么办”、“万一水果滚得满地都是怎么办”、“万一我的车过桥时那桥忽然塌了怎么办”。虽然这些水果都保过险，但他仍然担心火车万一晚点，他的水果卖不出去，他甚至怀疑自己因为忧虑过度得了胃溃疡，因此，他还去找医生检查。大夫告诉他，一切正常就是过度紧张了。“这时我才明白了真相。”他说，“我开始问自己：‘这么多年来你处理过多少车水果。’答案是：‘大概 2.5 万多车吧。’我又问自己：‘这么多年里出过多少车祸。’答案是：‘大概有五次。’我接着问：‘你知道这是什么意思吗？概率是 1/5000，那你还有什么好担心的呢。’

“然后我对自己说‘桥说不定会塌的’。又问自己：‘过去有多少事故是由于桥塌而造成的。’答案是：‘一次也没有。’我对自己说：‘你为了一座从来也没有塌过的桥，为了 1/5000 的火车失事，居然会愁得患上胃溃疡，这未免也太傻了。’后来我发觉过去的自己很傻。于是我再也没有为‘胃溃疡’烦恼过了。”

美国海军也常用概率所统计的数字来鼓励士气。曾当过海军的克莱德 · 马斯讲过这样一个故事：当他和他船上的伙伴被派到一艘油船上的时候，他们都吓坏了。这艘油轮运的都是高单位的汽油。他们认为，如果油轮被鱼雷击中，他们必死无疑。可是，海军单位立即发出了一些很正确的统计数字指出，被鱼雷击中的 100 艘油轮里，有 60 艘没有沉到海中。而沉下海的 40 艘里，也只有 5 艘是在不到 5 分钟的时间沉没的。“知道了这些数字之后，船上的人内心平静多了，因为他们知道有的是机会跳下船。根据概率看，我们不会死在这里。”

第三节　不要为琐事烦恼

日常生活中人们习惯于把许多小事情看得过于重要：列车的晚点会感到不快，朋友的迟到让你等得焦急，孩子的苦恼让你烦躁……其实，要知道为琐事烦恼的情绪就像一石入水，激起圈圈涟漪，最后，这些小事所带来的消极情绪主宰了我们的判断力，使我们陷入更加糟糕的生活中去，和列车员争吵，或者和朋友不欢而散，或者去责骂孩子，让自己没有好心情。所以，不忧虑的人生，最重要的是要消除小事给你带来的负面影响。

相比有些事，小事是多么的渺小

给你讲一个最富戏剧性的故事，主人公叫罗勃·魔尔。

“1945 年 3 月，我在中南半岛附近 276 英尺深的海下习得一生中最重要的一课。当时，我正在一艘潜水艇上。我们从雷达发现一支日军舰队——一艘驱逐护航舰、一艘油轮和一艘布雷舰朝我们这边开来。我们发射了 3 枚鱼雷，但是最终都没有击中。突然，那艘布雷舰直朝我们开来。（一架日本飞机，把我们的位置用无线电通知了它。）

我们潜到 150 英尺深的地方，以免被它侦察到，同时做好应付深水炸弹的准备，还关闭了整个冷却系统和所有的发电机器。

“3 分钟后，天崩地裂。6 枚深水炸弹在四周炸开。把我们直压到海底 276 英尺的地方。深水炸弹不停地投下，整整 15 个小时，有十几二十个就在离我们 50 码左右的地方爆炸。若深水炸弹距离潜水艇不到 17 码的话，潜艇就会炸出一个洞来。当时，我们奉命静躺在自己的床上，保持镇定。我吓得无法呼吸，不停地对自己说：‘这下死定了。’潜水艇的温度几乎有摄氏 40 多度，可我却怕得全身发冷，一阵阵冒冷汗。15 个小时后攻击停止了，显然那艘布雷舰用光了所有的炸弹后开走了。

“这 15 个小时，在我感觉好像有 1500 万年。曾经做过的所有坏事和担心过的无聊的小事都一一浮现在我的面前。我曾担忧过，没有钱买房、买车，没有钱给妻子买好衣服。下班回家，常常和妻子为一点芝麻小事吵架。还为一次车祸在额头上留的伤痕发过愁。

“多年之前，那些令人发愁的事，在此时此刻却显得那么荒谬、渺小。我对自己发誓，如果我还能死里逃生的话我就永远不会再忧愁了。在这短短的 15 个小时里我从中学到的，比我在大学念 4 年书学到的还要多得多。”

人总为小事而烦恼

在挫折来临时，一般人都会很勇敢地去面对它，但又不可避免地被一些芝麻小事搞得垂头丧气。拜德先生也深有体会。他手下的人能够毫无怨言地从事危险而又艰苦的工作。“可是，我却知道有好几个同房的人彼此不说话，因为怀疑别人把东西放乱，占了自己的地方。

有一个讲究空腹进食细嚼健康法的家伙，每口食物都要嚼28次。而另一人一定要找一个看不见这家伙的位子才吃得下去饭。”

芝加哥的约瑟夫·沙巴士法官在仲裁过4万多件不愉快的婚姻案件之后说道：“婚姻生活之所以不美满，往往都是因为一些小的事情导致感情最终破裂。”

罗斯福夫人刚结婚时每天都在担心，因为她的新厨师做饭很差。可是如果事情发生在现在，她就会耸耸肩膀把这事给忘了。好极了，这才是一个成年人的做法。就连最专制的凯瑟琳女皇对厨师做坏了饭也只是一笑而过。

一次，我们到芝加哥一个朋友家吃饭，分菜时他有些小事没有做好。其实大家都没在意，可是他妻子却马上当着大家的面就跳起来指责他：“约翰，你怎么搞的！难道你就永远也学不会分菜吗？”她又对大家说：“老是一错再错，一点也不用心。”也许他确实没有做好，可我真佩服他能和他的妻子相处20年之久。说心里话，我宁愿只吃一两个抹上芥末的热狗，只要能吃得舒服，也不愿意一边听她啰嗦一边吃山珍海味。

不久，我和妻子邀请了几个朋友来吃晚餐。客人快到时，妻子发现有三条餐巾和桌布颜色不配。她后来告诉我：“我发现另外三条餐巾送去洗了。客人已到门口，我急得差点哭了出来。我埋怨为什么会有这么愚蠢的错误让它毁了我的整个晚上？我突然想到，为什么要毁了我呢？我走进去吃晚饭，决心享用一番。我情愿让朋友们认为我是一个比较懒散的家庭主妇，也不愿意他们认为我是一个神经质的脾气不好的女人。而且，据我所知，根本没有一个人注意到那些餐巾。”

大家都知道，法律不会去管那些小事，人也不应该为这些小事忧愁。

实际上，要想克服一些小事引起的烦恼，只要换一种思维和方法思考问题就可以了。这样你或许有一个全新的认识。

我的朋友作家荷马·克罗伊告诉我，过去他在写作的时候，常常被纽约公寓热水灯的响声吵得快要发疯了。

“后来，有一次我和几个朋友出去露营，当我听到木柴烧得很旺时的响声，我突然想到，这些声音和热水灯的响声一样，为什么我会喜欢这个声音而讨厌那个声音呢，回来后我告诫自己，火堆里木头的爆裂声很好听，和热水灯的声音差不多。我完全可以蒙头大睡，不去理会这些噪声。结果，头几天我还注意到它的声音，可不久我就完全忘记了它。

“在日常生活中或多或少都会遇到这样的事，由于我们不能正确地去面对结果弄得整个人很沮丧。其实，我们都夸大了那些小事的重要性……”

人生常因为小事而毁

狄士雷里说：“生命如此短促了，何必只顾及那些小事。”

安德列·摩瑞斯在《本周》杂志中说：“这些话曾经帮助我经历了很多痛苦的事情。我常常因不屑一顾的小事，弄得心烦意乱……人生在世只有短短的几十年，而我浪费了很多不可能再补回来的时间，去为那些一年之内就会忘掉的小事发愁。把这些宝贵的时间用在我觉得值得做的事情上和感觉上，去想伟大的思想，去体会真正的感情，去做必须做的事情。因为生命如此短促，何必只顾及那些小事。”

名人吉布林和他舅舅打了维尔蒙有史以来最有名的一场官司。吉布林娶了一个维尔蒙的女子，在布拉陀布造了一所漂亮房子，准备在那儿安度余生。他的舅舅比提·巴里斯特成了他最好的朋友。他们俩一起工作，一起游戏。

后来，吉布林从巴里斯特手里买了一点地，他们事先商量好，巴里斯特可以每季度在那块地上割草。一天，当巴里斯特发现布吉林在那片草地上开了一个花园时，他非常生气，暴跳如雷。吉布林也反唇相讥，弄得维尔蒙绿山上的天都黑了。

几天后，吉布林骑自行车出去玩时，被巴里斯特的马撞在地上。这位曾经写过“众人皆醉，你应独醒”的人也昏了头，居然告了官。巴里斯特被抓了起来。接下去是一场很热闹的官司，结果使吉布林携妻永远离开了美国的家。而这一切，都归结于一件芝麻大的小事——一车干草。

哈瑞·爱默生·富斯狄克讲过这样一个故事：“在科罗拉多州长山的山坡上，躺着一棵大树的残躯。自然学家告诉我们，它曾经有过 400 多年的历史。在它漫长的生命里，曾被闪电击中过 14 次、无数次狂风暴雨侵袭过它，它都能战胜它们。但在最后，一小队甲虫的攻击使它永远倒在地上。那些甲虫从根部向里咬，渐渐伤了树的元气。虽然它们很小，却是持续不断地攻击。这样一棵大树，岁月不曾使它枯萎，闪电不曾将它击倒，狂风暴雨不曾将它动摇，却因一小队用大拇指和食指就能捏死的小甲虫，终于倒了下来。”

那棵身经百战的大树不正如我们自己吗？我们也经历过生命中无数狂风暴雨和闪电的袭击，还是撑了过来，可是却让忧虑的小甲虫咬噬——甚至用大拇指和食指就可以捏死的小甲虫。

几年前，我和怀洛明州公路局局长查尔斯·西费德先生以及其他朋友一起去参观洛克菲勒在提顿国家公园中的一栋房子。因为我的车转错了弯，所以我们就迟到了一个小时。西费德先生没有钥匙，所以他在那个又热又有好多蚊子的森林中等了整整一个小时。我们到的时候，在多得可以让圣人发疯的蚊子中，西费德先生正在吹一支折下的白杨树枝做成的小笛子。后来我把这个小笛子当做一个纪念品，纪念一个不在乎小事的人。

第四节　无法改变的就学会接受

在岁月的长河中，我们难免会碰到一些不愉快的事情，这些突如其来的情况虽然我们无法避免，但是可以选择坦然地接受，并找到合适的方法去解决。或者，你也可以无动于衷让忧虑毁掉自己的生活。

学会接受任何状况

小时候，我和几个朋友在密苏里州的老木屋顶上玩，我爬下屋顶时，在窗沿上歇了一会儿，然后跳下来。我左手食指上戴着一枚戒指，往下跳时，戒指钩在钉子上，扯断了我的手指。

害怕和恐惧布满了我的内心，我想我可能会死掉。但等到手指创伤愈合，我就再也没为它操过一点儿心。因为我知道操心也不会改变已经发生的事实，所以我选择了接受。

现在我几乎忘了我的左手只有大拇指和另外三根手指。

几年前，我在纽约市中心的一座办公大楼电梯里遇到了一位男士，我注意到他的左臂由腕骨处切除了。我问他这是否会令他烦恼，他说："噢！我已很少想起它了。我还未婚，所以只有在穿针引线时觉得不便。"

人在不得已的状况下几乎乐意接受任何的不幸，并且很快就调整了过来。

荷兰阿姆斯特丹有一座15世纪的教堂遗迹，一段题词令我印象深刻："事必如此，别无选择。"

在我们有生之年，我们势必遇到许多不快的经历，既然它们是无可逃避也是无法选择的，那为何不坦然地接受从而去冷静地分析并寻找方法解决呢？多做抗拒不仅是徒劳无获，还会打破原有的美好生活，甚至还可能导致精神崩溃。

接受比纠结更幸福

我景仰的威廉·詹姆斯曾说："心甘情愿地接受吧！接受事实是克服任何不幸的第一步。"家住俄勒岗州波特兰市的伊莉莎白·康莉，在经历了无数困难的折磨后学会了这一点。在庆祝美军在北非取得胜利的那一天，康莉得到国防部的通知，那个她最爱的侄子在战场上失踪了。又过了一段时间，她又接到通知，她的侄儿已死在战场上……亲人的逝世让康莉痛苦万分，这件事打乱了她的生活。没发生这件事之前，康莉一直快乐地生活着。她热爱工作，她花了许多心血将这个侄儿培养成人。在她的眼中，他有着所有年轻人的优秀品质，她觉得以往所付出的一切现在都会得到收获……然而，突然间，她感觉天都塌了，她再也没有活下去的理由，所有的一切在瞬间都破碎了。

康莉开始痛恨这个世界，为什么一个这么优秀的年轻人，在刚开始自己生活的时候就被剥夺了生命？致命的打击使她对所有的一切都失去了原有的兴趣。在悲痛中，康莉决定辞掉工作远走他乡，以这种方法逃避所有的一切。

康莉准备写辞职信的时候，在抽屉里，她突然看到了一封信，一封她已经忘了的信——几年前她的母亲去世后侄子写来的信。信上说："当然，我们都会怀念她，尤其是你，我相信你会撑过去的。你教过我的那些话我一直铭记在心。记得你教我要微笑，要像一个男子汉，勇敢接受所发生的事情。"

这封信就好比黑暗里一束阳光，使她倍感温暖，这让她感觉到远去的侄子就在自己的身边，正在对她说："你为什么不按你教给我的办法去做呢？不管发生了什么事情都要勇敢地撑下去，都不要忘记微笑，继续勇敢坚强地生活下去。"

被悲痛所困扰的康莉终于清醒了过来，她告诫自己：事已至此，已经没办法挽回，她只能够像侄子所希望的那样勇敢地活下去。康莉开始接受这个残酷的现实，重新振作精神，把所有的精力都投入到了工作中。她写信给那些在前线的士兵，那些还活着的别人的儿子，给他们鼓励。晚上，她参加了成人教育班，培养新的兴趣，结交新的朋友。她逐渐忘记了那件让她痛苦万分的事情。现在，康莉每天的生活都充满了快乐和笑声。

康莉女士所学习到的，正是我们每个人迟早要学会的道理，那就是我们要勇敢地接受并配合不可改变的事实。

让一切顺其自然

"事已至此，别无选择"，这并非是一件容易的事情，即使贵为一国之君也不能不常提醒自己。英王乔治五世在白金汉宫的图书室内就挂着这句话："请教导我不要凭空妄想，或作无谓的怨叹。"哲学家叔本华曾表达过相同的想法：“逆来顺受是人生的必修课程。”

显然，我们的快乐与否并非由情境所决定，我们对事情的反应反而决定我们的心情。耶稣曾说：天堂在你心内，当然，地狱也在。如果需要，我们都能度过灾难与困苦，并且战胜它。我们也许没有觉察到，但是我们内心都有更强的力量帮助我们度过，我们往往都会比自己想象的更加坚强。新英格兰的妇运名人玛格丽特·富勒曾将一句话奉为圭臬，这句话是：“我接受整个宇宙。”托马斯·卡莱尔在英国听说此事时，他说：“她最好如此。”是的，你我也最好能接受不可避免的事实。

就算再怎么痛苦挣扎，事情发生了就是发生了，丝毫不会因此而改变，我们惟一能改变的只有自己。对于这点我是再清楚不过的了。

有一次，我拒不接受我遇到的一个不可改变的事实。我像个愚蠢的人不断做无谓的反抗，结果使我彻夜难眠，我把自己整得很惨。终于，经过一年的自我折磨，我不得不接受我无法改变的事实。

我有 12 年养牛的经验，从来没见过一头泽西母牛因为草原干旱、下冰雹、寒冷，或是男友向别的母牛示好而生气。动物安然面对夜晚、暴风雨及饥饿，因此，它们不会有精神崩溃、胃溃疡的问题，也从不会发疯。

当然我们也不应该束手接受所有的不幸，那只是宿命论。只要有一丝希望我们就要为之奋斗到底！但是，当发现情势已不能挽回了，我们就不应该再持对立的态度，这时就应该坦然地接受。

不久前，我曾经采访了好几位美国的企业领袖，使我至今难以忘怀的是他们面对现实的态度，以及无忧虑的生活方式。他们如果做不到这一点，早就在压力下粉身碎骨了，这里有几个实际的例子。

全美连锁百货公司的创始人潘尼告诉我说：“即使我赔得一文不名，我也不会烦恼，因为我看不出烦恼能带给我什么。我已尽力，其他的交给上帝。”

亨利·福特也说过类似的话：“当我无法处理时，我把它们摆在那儿顺其自然。”

我请教克莱斯勒汽车公司总裁凯勒，他如何排除忧虑，他的回答是：“当我面对艰难处境时，我只会做我力所能及的事情；如果不在我能力范围内的事情我就会把它抛诸脑后。我从不担心未来，因为我深信没有人能预知未来，影响未来的因素太复杂了，没有人能猜准时间，或全盘了解。既然如此那又何必为它操心？”如果你说凯勒是位哲学家，他大概会难为情。他是精明的生意人，却与2000年前希腊哲学家爱比克泰德的哲学理念一样：“快乐之道仅此一途，就是不去烦恼无法掌握的事。”

我们应该学着做到诗人惠特曼所说的：“让我们学着像树木及动物一样顺其自然，面对黑夜、风暴、饥饿、荒谬、失意与挫折。”对于难以掌控的事情我们应该坦然接受，就像杨柳承受风雨，只有这样，我们才能摆脱忧虑的困扰。

第五节 用“到此为止”止损

遇到烦恼的事，有的人很快就会忘记，有的人则久久不能忘怀。我经常对那些遭遇不幸和烦恼的人说：“学会‘到此为止’吧，不然，你受到的伤害会更大，甚至会因此毁了你的未来。”那么，该如何用“到此为止”止损呢？让我们来看看下面的故事。

给自己画一条底线

查尔斯·罗勃兹是一位投资顾问，他告诉我说："我刚从得克萨斯州到纽约来的时候，身上只有 2 万美元，是朋友托我到股票市场投资用的。原以为对股票市场了解的很多，可是意想不到的是最后竟然赔的精光。若是我自己的钱，我倒可以不在乎，可是我觉得把朋友的钱都赔光了是件很糟糕的事。

"我开始仔细研究我犯过的错误。所以下定决心要学会股票市场的基本知识。于是，我和一位最成功的预测专家波顿·卡瑟斯交上了朋友。他多年来一直非常成功。而我知道，他既然有如此的成就，仅仅只靠机遇和运气那是不可能的。

"他告诉我一个股票交易中最重要的原则，'我在市场上所买的股票，都有一个到此为止的限度、不能再赔的最低标准。例如，我买的是 50 美元一股的股票。我马上规定不能再赔的最低标准是 45 美元'。这也就是说，万一股票跌价，跌到比买价低 5 美元的时候，就立刻卖出去，这样就可以把损失只限定在 5 美元之内。

"'如果你当初购买得很精明的话，你的赚头可能平均在 10 美元、25 美元，甚至于 50 美元。因此，在把你的损失限定在 5 美元以后，即使你半数以上判断错误，也还能赚很多的钱。'

"我马上学会了这个办法，它替我的顾客和我挽回了不止几千几万美元钱。

"后来我发现，'到此为止'的原则在其他方面也适用。我在每一件让人忧虑和烦恼的事上，加一个'到此为止'的限制，事情的结果也往往出乎我的意料。

"我有一个朋友他有一个坏习惯那就是很不守时。他总是在午餐时间已过去大半以后才来。我告诉他，以后等你‘到此为止’的限制是 10 分钟。要是你在 10 分钟以后才到的话，那我们的午餐约会就到此为止，以后再也不要来找我。”

我真希望在很多年以前就学会了把这种限制用在我的缺乏耐心、我的脾气、我的自我适应的欲望、我的悔恨和所有精神与情感的压力上，常常告诫自己：“这件事只值得担这么一点点心，不能再多了。”

不要一条道走到黑

我在 30 岁出头的时候，决定以小说写作为终生职业。我充满信心，在欧洲住了两年，写出一本书，我把那本书题名为《大风雪》。这个题目取得真好，因为所有出版家对它的态度都冷得像呼啸着刮过得克萨斯州大平原上的大风雪一样。

当我的经纪人告诉我这部作品一文不值，说我没有写小说的天赋和才能的时候，我的心跳几乎停止了。我发觉自己站在生命的十字路口上，必须做一个非常重大的决定。几个星期之后，我才突然清醒过来。当时我还不知道“为你的忧虑定下到此为止的限制”，但实际上我所做的正是这件事。

我把写小说的那两年看做是人生中宝贵的经验，然后，“到此为止”。我重新操起组织和教授成人教育班的老本行，有时就写一些传记和非小说类的书籍。

100 年前的一个夜晚，梭罗用鹅毛笔蘸着他自己做的墨水，在日记中写道：“一件事物的代价，也就是我称之为生活的总值，需要当场交换或在最后付出。”用另外一种方式说，如果付出的远远超过本身所要付出的代价的话，那我们就是不折不扣的傻瓜。

这也正是吉尔伯和苏里文的悲剧。他们知道如何创作出欢快的歌词和歌谱，可是却忽视了如何在生活中寻找真正的快乐；他们写过很多使人非常喜欢的轻歌剧，可都无法控制自己的脾气。

苏里文为他们的剧院买了一块新的地毯，吉尔伯看到账单时大发雷霆，这件事甚至闹到法院。从此两人“老死不相往来”。苏里文替新歌剧谱完曲后，就把它寄给吉尔伯，而吉尔伯填上词后，再把它们寄回苏里文。一次，他们必须一起到台上去谢幕，两人就站在台的两边，分别向不同的方向鞠躬。这样才可以不必看见对方。

他们就不懂在他们彼此间，定下一个“到此为止”的最低限度，而林肯却做到了这一点。

美国南北战争时，林肯的几位朋友攻击他的一些敌人，林肯却说：“你们对私人恩怨的感觉比我要多，也许我的这种感觉太少了吧。因为一直以来我认为这样很不值得。人生短暂我们没有必要把半辈子都花在无休止的争吵中。如果那些人不再攻击我，我也就不再记他们的仇了。”

我真希望伊迪丝姑妈也有林肯这种宽恕精神。

伊迪丝姑妈和法兰克姑父住在一个抵押出去的农庄上。那里土质很差，灌溉不良，收成又不好，所以他们的日子过得很紧，每分钱都要节省着用。可是，伊迪丝姑妈喜欢买一些窗帘和其他小东西来装饰家里，为此她常向一家小杂货铺赊账。法兰克姑父很注重信誉，不愿意欠债，所以他告诉杂货店老板，不要再让他妻子赊账买东西。伊迪丝姑妈听说后大发脾气。

这事大概已经有50多年了，至今她还因为此事耿耿于怀。我曾经不止一次听她说这件事，最后一次见到她时，她已经将近80岁了。我对她说：“伊迪丝姑妈，法兰克姑父这样羞辱你确实不对。可是难道你不觉得，你埋怨的时间太长了，早就应该放下了，你如果不这样做这会比他所做的事还要糟糕！”

伊迪丝姑妈为她这些不快的记忆付出了昂贵的代价，付出了半个世纪自己内心的平静。

有些事不值得你这样做

富兰克林小的时候犯了一次错，使他 70 年来一直难以忘怀。他 7 岁时看中了一支哨子。他兴奋地跑进玩具店，把所有的零钱放在柜台上，也不问价钱就把哨子买下了。70 年后他在给一个朋友的信中写道："后来，我跑回家，吹着这支哨子，在房间里得意地转着。"他的哥哥姐姐告诉他哨子根本不值这么多钱，他因此遭到了取笑，他懊恼得痛哭了一场。

富兰克林在这个教训里学到了一个简单的道理：

"长大后，我见识了人类许多行为，认识到，许多人买哨子都付出了太多的钱。简而言之，我确信人类的苦难，相当一部分产生于他们对事物的价值做出了错误的估计，也就是，他们买哨子多付了钱。"

托尔斯泰娶了一个他非常钟爱的女子，他们在一起非常快乐。可是，托尔斯泰的妻子天生嫉妒心很强，常常窥测他的行踪，他们时常争吵得不可开交。她甚至嫉妒自己亲生的儿女，曾用枪把女儿的照片打了一个洞。她还在地板上打滚，拿着一瓶鸦片威胁说要自杀，吓得她的孩子们躲在房间的角落里直叫。

如果托尔斯泰跳起来，把家具砸烂，我倒不怪他，因为他有理由这样生气。可是他做的事比这个要坏得多，他记一本私人日记！这就是他的"哨"。

在那里，他努力要让下一代原谅他，而把所有的错都推到他妻子身上。他妻子如何对付他呢？她当然是把他的日记撕下来烧掉，她自己也记了一本日记，把错都推到托尔斯泰身上。她甚至还写了一本小说，题目就叫《谁之错》。在小说里，她把丈夫描写成一个破坏家庭的人，而她自己则是一个牺牲品。

结果，他们把惟一的家变成了托尔斯泰自称的“一座疯人院”。这两个无聊的人为他们的“哨子”付出了巨大的代价，整整在这可怕的地狱中生活了50多年，如果在此期间有一个人愿意妥协说：“不要再吵了，让我们在这件事上马上告一段落，我们是在浪费生命。让我们现在就说‘够了’吧。”那么事情也就不会到如此糟糕的地步。

不错，我非常相信这是获得内心平静的秘诀之一——要有正确的价值观念。所以，要在忧虑毁了你之前，先改掉忧虑的习惯。

第六节　不为过去的事而忧虑

我们都明白，就算是10秒钟以前发生的事情，我们也无法挽回，因为事实就是事实，它已经客观地存在了。我们可以想办法改变10秒钟之前发生的事情的影响。惟一可以使过去的错误有价值的方法，就是很平静地分析错误，从中吸取教训想办法去改正，然后再把错误忘掉。

不要为打翻的牛奶哭泣

即使是最笨的人都知道过去的事情已经无法改变，明知如此但还是会有人为之烦。恼虽然我清楚地明白这个道理，但是我也不敢肯定我能够永远保证这份理智与勇气，因为我曾经亲身历过这样的事情，我曾让 30 万美元从指间溜走而一无所获。事情的经过是这样的：

我创立了一个成人教育的大公司，在很多城市有分支机构，在广告方面开销很大。我自己忙着授课，既没有时间也不想去管财务的事，而且我也没想到需要一位经理来管理财务。就这样恍恍惚惚地过了一年，我发现了一个惊人的事实，虽然收入极高，却没有任何盈余。于是我意识到我必须采取两项行动。第一是应该像卡佛一样，他一生的积蓄 4 万美元无法从银行取回后，有人问他知不知道自己破产了，他镇定地说："听说了！"就继续上他的课。这笔损失完全没在他心上留下任何痕迹，他后来也从未提及。

第二件我该做的是：分析我犯的错误从中学习使自己今后不再犯同样的错。坦白地说，我什么也没做，却开始忧虑了，几个月都寝食难安，最后体重也下降了，不但没得到任何教训，我反而重蹈覆辙，只是规模小了一点儿。

承认这行为实在有点儿尴尬，但我早就发现"教导自己比教导别人困难多了"。

我希望自己上过纽约的华盛顿高中，而且让勃兰湾医生教导，因为桑德士就是他的学生。

桑德士先生告诉我，勃兰湾医生的卫生课是他学到的最有价值的课程。桑德士当时只有十几岁，但是他常常为做错的事懊恼。他一交了考卷，就要失眠啃手指，担心通不过考试。而且老是回想做过的事，又总希望能有不同的做法，老是想着说过的话，希望当时能谈得更好。

一天早上，他们到实验教室上课，老师的桌边上放着一瓶牛奶，当全体学生都坐下后看着牛奶，不知道这跟卫生课有何关联。忽然之间，老师站起身来，将奶瓶一把扫入水槽，并大声说："不要为打翻的牛奶哭泣！"

老师让学生们围在水槽边看着那些碎片，并且说："看清楚！我要你们一辈子记牢这一课。牛奶流走了——你看到它流入水管，怎么也不能把它收回来。如果预先防范，可以保住牛奶。但是已经太迟了，我们只好当这件事情没有发生过，然后去做另外一件事。”

桑德士说，那个小小的示范，给他留下了深刻的印象，甚至带给他的实际影响比高中四年的任何课程都要大，从那件事上，桑德士懂得了，要切实地做好防范措施，如果一旦失去最佳的防范机会，那么我们就只有坦然地接受。

有的人可能要嗤之以鼻，这种道理谁不知道？我知道你一定听过几千次，但是这个简单的道理正是人类世代沉淀下来的智慧，是父传子子传孙的生活体验。

如果我们真的去身体力行——而不是嗤之以鼻——我们根本就不需要去努力排除忧虑了。再说，我们要是完全按照格言生活，我们每一个人都将生活得很幸福。然而，未经运用的知识是没有力量可言的，而我讲这些内容的目的也不是传授新知，而是提醒你已知的事，并激励你实际应用它们。

快乐就是活在当下

我常仰慕像雪德那样的人，有本事把古老的真理图像化。他曾任《费城公报》主编，有一次在大学演讲时，他问学生：“锯过木头的人请举手。”大部分人都锯过。

他又问：“有多少人锯过木屑？”没有人举手。

当然，你不能锯木屑，因为它已经被锯过了，就像过去的事一样。过去的事已成为过去，正如同你试图锯木屑。

棒球名将康尼·麦克 81 岁时，我问他是否曾为输了的球赛难过？他回答我：“噢，有的，我以前一向如此，不过我已度过那段漫长愚蠢的岁月了。我发现那样做毫无意义，因为流回小溪的水已经不能再推动石磨了。”

过去的事已经对你毫无意义，只能徒增皱纹及引发胃溃疡，在感恩节的那天我跟登普西先生吃饭，隔着火鸡，他叙述了他如何痛失重量级拳王宝座的事。当然，这对他的自尊是一大打击，他说：

“比赛中，我忽然觉得自己老了……到第十回合，我虽还撑着，但也只是那样了。我的脸肿胀破碎，眼睛几乎睁不开……我看到对手赢得了比赛……我已不再是世界拳王。我挤过人群回到休息室时，有人过来握我的手，有人眼中含着泪水。

“一年后，我又再与那位对手交战，但无力挽回，我已老了。很难做到不难过，但我告诉自己，我不打算把余生用来为这件事烦恼，它是一次生活对我的考验，但我不会被它击倒。”

登普西是否就此一遍一遍地告诉自己：“不要为过去伤神？”不是的，如果那样做，只会迫使自己再去面对过去的烦恼。对于过去的事情他已欣然接受，如今他完全集中力量在未来的计划上。他在百老汇大街开了一家餐厅，又在 57 街开了一家旅馆。他推广有奖竞赛，并举办拳击展览，他忙于这些有意义的事，既没有时间也没有心思去为过去烦恼。登普西说：“这 10 年我过得比当拳王时充实。”

登普西说他没念多少书，运用莎士比亚的广告只是个意外：“有智慧的人不会为失去的东西做无谓的忧伤，他会积极地想办法减轻伤害。”

我读历史及传记时，很羡慕那些能够克服忧虑与悲剧从而幸福生活下去的人，从他们的身上我得到了许多启示。

我曾经到辛辛监狱拜访，身处监狱的囚犯竟然还可以生活得如此开心，这点令我非常的诧异。我跟当时的典狱长刘易斯提到这一点，他说犯人们初来时都非常怨恨苦闷，可是过了几个月，很多人都坦然地接受牢狱生活，并尽可能过得舒服。典狱长特别提到一位犯人（以前是一位园丁）在狱内园中种菜浇花时都是一面哼着歌的。

一个辛辛监狱的犯人能一面种花一面哼歌，其中寓意深刻，因为他知道：

造物主妙笔一挥，
哪管你虔敬聪慧，
也改不了它一句半行；
即使流干了眼泪，
也洗不掉任何一个字眼。

所以，何必浪费眼泪？当然，我们都会因错误荒唐而悔恨，但是却丝毫不能改变已经形成的错误，惟一能做的就是想办法去解决。谁没有犯过错？连拿破仑都有 1 / 3 的战役败了。

也许我们的成功率不会比拿破仑还差吧？谁知道呢？总之，过去的事情任谁也无法改变。

第七节　学会喜欢自己

一年秋天，我的助手到波士顿参加医学课程。这个课程每周举行一次，参加的病人在进场之前都要进行定期和彻底的身体检查。这不是一项简单的医学课程，而是心理学的临床试验，虽然课程正式的名称叫应用心理学，其真正的目的却是治疗一些因忧虑而得病的人，而大部分病人都是精神上感到困扰的家庭主妇。

病由心生

这一年，约瑟夫·普拉特博士（奥斯勒爵士的学生）注意到，很多到波士顿医院来求诊的病人生理上根本没有毛病，可是他们自己认为有。有一个女人的两只手因为“关节炎”而完全无法干活，另外一个则因为“胃癌”的症状而痛苦不堪。其他有背痛的、头痛的，常年感到疲倦或疼痛。她们真的能够感觉到这些痛苦，可是经过最彻底的医学检查之后，却发现这些女人没有任何生理上的疾病。很多老医生都会说，这完全是出于心理因素“病在她的脑子里”。

可是普拉特博士却了解，单单叫那些病人“回家去把这件事忘掉”不会有一点用处。没有人希望自己生病，这些女人也如此。如果痛苦是那么容易忘记的话她们早就这样做了。

他开了一个班，虽然医学界的很多人都对这件事深表怀疑，但却有意想不到的结果。从开班以来 18 年里，成千上万的病人都因为参加这个班而“痊愈”。

有些病人到这个班上来上了好几年的课，几乎就像上教堂一样的虔诚。我的那个助手曾和一位前后坚持了 9 年并且很少缺课的女人谈过话。她说当她第一次到这个诊所来的时候，她深信自己有肾脏病和心脏病。她既忧虑又紧张，有时候会突然看不见东西，担心失明。可是现在她却充满了信心，心情十分愉快，而且健康情形非常良好。她看起来只有 40 岁左右，可是怀里却抱着一个睡着的孙子。“我以前总为我家里的问题烦恼得要死，”她说，“几乎希望能够一死了之。可是我在这里懂得了忧虑对人的害处，学会了怎样停止忧虑。我现在可以说，我的生活真是太幸福了。”

用用语言的治疗功能

这个班的医学顾问罗斯·希尔费丁医生觉得，和自己信任的人谈论自己的问题是减轻忧虑最好的良药，她称之为净化作用，她说："病人来到这里和我们进行很好的沟通，直到把这些问题从她们的脑海中清除为止。把事情说出来总比自己一个人闷着头忧虑要好得多，如果不把这些事情告诉别人，就会很容易造成精神紧张。我们都应让别人来分担我们的难题，我们也得分担别人的忧虑。我们必须感觉到世界上还有人愿意听我们的话，也能够了解我们。"

我的助手亲眼看到一个女人在说出她心里的忧虑之后，瞬间感到解脱了。她有许多家务方面的烦恼，而在她刚刚开始谈论这些问题的时候，她就像一个压紧的弹簧，然后一面讲，一面渐渐地平静下来。等到谈完之后，她居然能够面露微笑。这些困难是否已经得到了解决呢？没有，事情不会那样容易。她之所以有这样的改变，是因为她和别人谈话的过程中，得到了一点点忠告和同情。真正造成变化的，是具有强而有力的治疗功能的语言。

就某方面来说，心理分析就是以语言的治疗功能为基础的。从弗洛伊德的时代开始，心理分析家们就知道，只要一个病人能够说话，只需要说出来仅此而已，就能解除他心中的忧虑。为什么呢？也许是因为说出来以后，我们就可以更深入地看清我们的问题，以便找到更好的解决方法。没有人知道确切的答案，可是我们所有的人都知道，"吐露一番"或是"发发心中的闷气"，就能立刻使人觉得畅快很多。

所以，如果遇到什么问题为何不去找一个信任的人谈谈呢？当然我并不是说，随便到哪儿抓一个人，就把我们心里所有的苦水和牢骚说给他听；我们要找一个能够信任的人，和他约好一个时间。也许找一位亲戚、一位医生、一位律师、一位教士或是一个神父，然后对那个人说："我有一个问题想和你谈谈，同时希望得到你的一些建议，当局者迷，也许旁观者清，你可以看到我自己所看不到的角度。可是即使你不能做到这一点，只要你坐在那儿听我谈谈这件事情，也就等于帮了我很大的忙了。"

不过，如果你找不到一个合适的人去吐露你的心事，那我要告诉你所谓的"救生联盟"，这个组织和波士顿那个医学课程完全没有任何关联。这个"救生联盟"是世界上最不寻常的组织之一。它的组成是为了防止可能会发生的自杀事件。近年来，它的服务范围已扩大到给那些不欢乐或是在情感和精神方面需要安慰的人以安慰。

用积极的态度面对每个人

波士顿医院所安排的课程中最主要的治疗方法就是主动坦露自己的心事。下面是我们在那个课程里所得到的一些概念，其实我们在家里就可以做这些事。

建议你首先准备一个本子，在上面写下你喜欢的句子或者一些名言警句，当你感到沮丧或精神颓废时，打开这个本子看看上面的话，也许心情会放松许多。

其次，不要在乎别人的缺点。也许你丈夫身上的确有很多你不能容忍的地方。但试想，假如他是圣人的话，他还会娶你吗？这个医学课程里曾有一位女患者，她发现自己变得挑剔、苛刻，以至于经常拉长着脸，令人十分厌恶。于是就有人问她："假如你丈夫现在死了，接下来你会怎样呢?"她吃了一惊，才意识到自己的这副表情是如此的难看，赶紧安静地坐下来，客观公正地列出丈夫所有的优点。结果发现丈夫还是有很多优点的，以至于这张单子写了很长。所以，要是你再觉得自己嫁错的话，不妨像这位女士一样，将自己丈夫的长处都列出来看看。也许，总结完他的优点，你会发现他正是你期盼想嫁的那个人。

最后，要以友善和谐的态度去对待和你住在同一条街的邻居。有一位患者曾经很孤独，她甚至觉得自已处于一种被孤立的状态，连一个朋友也没有。别人就建议她试试这个方法，将下一个将要碰到的人当成故事里的主角，然后为自己编一个故事。于是，她尝试在公共汽车上为她看到的人编故事，设想那人的背景和生活，试着想象他的生活状态。后来，一碰到人，她就开始主动与人聊天。如今，她有着积极向上的生活观。她也成为了一个令人喜欢的人，她那曾经的孤独症自然而然也消失了。

第四章

让自己常保充沛的活力

chapter 4

第一节　你为什么会这样疲倦

休息并不是在浪费时间，它能够让你在精神充沛的情况下工作起来更有效率。要衡量一天工作的质量，不要看你有多么疲倦，而要看你有多么不疲倦。

心理治疗专家们都说，我们之所以感到疲倦，大多数是因为精神和感情所引起的。英国最有名的心理分析家海德费，在他那本《权力心理学》里说："绝大部分我们所感到的疲劳，都是由于心理影响。事实上，纯粹由生理引起的疲劳是很少的。"

美国著名的心理分析家布列尔博士说："一个坐着的工作者，如果健康情形良好的话，他的疲劳100%是受心理因素，也就是情感因素的影响。"

要轻松，就要放松、放松、再放松

碰到这种精神的疲倦，应该怎么办呢？要放松！放松！再放松！要学会在工作时保持一颗"平常"心。

詹姆斯在他那篇题为《论放松情绪》的文章里说："美国人过度

紧张、坐立不安、着急以及紧张痛苦的表情是种坏习惯，不折不扣的坏习惯。”紧张是一种习惯，放松也是一种习惯，好习惯应该继续培养，坏习惯应该尽早剔除。

任何时间、地点你都能够放松，只是不要刻意让自己去放松。所谓放松，就是消除所有的紧张和力气，只想到舒适和放松。开始的时候先想怎样放松你眼部的肌肉和脸上的肌肉，不停地说着：“放松……放松……放松，再放松。”使自己由脸部肌肉，直到身体的各个部位，像孩子一样完全没有紧张的感觉。

女作家薇姬·贝姆就曾说过，她小时候遇见一位老人，老人的话使她受益终生。她那时刚摔了一跤，跌破了膝盖，还扭伤了手腕，那个在马戏团扮小丑的老人把她扶起来，对她说：“你之所以会跌伤，是因为你不知道怎么放松自己，从而保护自己。来，我来教你。”

那个老人就教薇姬·贝姆怎么跑，怎么跳，一直到她彻底学会为止。

切记，无论何时何地你都能够放松。

学会休息就不会累

约翰·洛克菲勒一直以来拥有世界上数量最多的财富，而还长寿地活到 98 岁。那么他到底是如何做到这一点的呢？

很简单，他们家世代长寿，他也遗传这个特点，另一个原因就是他每天中午都要在办公室里睡上半小时的午觉。他就躺在办公室的大沙发上，这时哪怕是美国总统打来的电话，他也不接。万一你没有条件睡午觉，那你总得在晚饭前休息 1 小时，这至少比喝一杯酒有价值得多，而且，势利地算一下的话，要比喝杯酒有效得多，你想，在下午五六点钟左右睡上 1 小时，就意味着，你每天至少又多了 1 小时可以充分利用的时间，这 1 小时加上夜里睡的 6 小时，比你连续睡 8 小时有效得多。

这就是有名的“6+1>8 定律”。

第二次世界大战期间，丘吉尔执政的时候已经六七十岁了，坚持数年指挥英国作战，而且每天工作 16 小时。那他究竟怎样做到的呢？

他每天早晨在床上工作到 11 点，看报告，发布命令，打电话，甚至在床上举行重要会议，吃过午饭后，再上床午睡 1 小时。而在晚上 8 点钟的晚饭前，还要上床去睡上 2 小时，他根本就不需要去消除疲劳，因为毫无疲劳可言。正是由于这种间断性的经常休息，他才有足够的精神一直工作到深夜。

对于纯体力劳动的人来说，休息时间次数更多，每天就可以做更多的工作。贝德汉钢铁公司的科学管理员佛朗西斯·贝利就曾以事实证明。

他观察到，工人每人每天可以往车上装大约 12 吨钢铁，但通常他们在中午的时候就已经精疲力尽了。于是就对此做了调整从而得出结论：工人每人每天不应只送 12 吨钢铁，而应是 46 吨钢铁，而且还丝毫不会有疲劳感。

他做了个实验，要一位叫加姆登的先生，按照贝利所规定的时间进行工作，他站在一边拿着手表指挥加姆登：“现在拿起一块钢铁……走过去……现在休息一会儿……现在走……再休息一会儿……”结果令人大吃一惊，别人每天只能装 12 吨钢铁，而加姆登却每天能装运 46 吨。而且据佛朗西斯·贝利说，这个方法还有可改进之处。

在贝德汉公司干活的这些年，加姆登的劳动量一直保持着同一水准。他能做到的原因，是因为在疲劳之前就能得到休息。

每小时他大约干活 26 分钟，而休息却有 34 分钟。他工作的时间比休息时间短，但他的工作效率却差不多是其他工人的 4 倍。

当初有人采访白宫第一夫人伊莲娜·罗斯福时，曾问她是如何很好地处理那排得紧紧的活动日程表的，她只是说，每次在接见一大群人或者是要发表重要演说之前，通常都坐在沙发上，闭目养神半小时。

发明大王爱迪生，因为他有着随时想睡就睡的习惯，所以他有着无穷无尽的精力。

美国汽车大王亨利·福特也深谙放放松之道，在他 80 大寿的时候，他曾颇为自豪地向别人透露：

“你们看我这样有精神，这样健康，是因为我这一生都遵守这样一条原则：能坐下的时候我绝不站着，能躺下的时候，我绝不坐着。”

杰克·查纳克是全好莱坞最有名的大导演之一，他也用过这种放松自我的方法，并且取得了很好的效果。

他在米高梅公司短片部任经理的时候，常常感到劳累和精疲力竭，为了改变这种状况，他什么方法都用过了，喝矿泉水，吃营养餐，吃维生素和其他苦药。但都无济于事，后来，我建议他学着做只晒太阳的猫，每天自己去“度假”，充分利用一切时间休息，如当他在办公室和手下开会的时候躺下来休息一会。

半年后，杰克称赞说这不失为一个很好的方法，他说：“真是个奇迹，以前每次和属下谈短片制作的时候，我总是僵硬地坐在椅子上，整个人高度紧张，而现在我躺在大沙发上开会，觉得比这几十年来的任何一天都好，每天还能多工作 2 个小时，且毫无倦意。”

以下是关于放松的建议：

(1) 工作时采取尽可能舒服的姿势，要记住，身体的紧张会产生脖子的疼痛和精神上的疲劳。

(2) 多读一些关于自我放松类的书籍，比如哈克·芬尼·罗伯特博士所写的《消除神经紧张》，同时，也建议你看丹尼尔·何西写的《为什么要疲倦》。

(3) 随时自我放松，坐在太阳底下，打盹，看猫，或者在身边的桌子上放只旧袜子，以此来提醒自己应该放松到何种程度。

第二节　养成良好的工作习惯

一个人只有养成良好的工作习惯才能行事有序，做成大事。以下就为你推荐 4 种良好的工作习惯，可以使你不仅能提高工作效率而且还能帮你从疲劳的困境中走出来。

整理一下你的办公桌

第一种良好的工作习惯：把和你当前工作不相关的东西都拿走。这时你会发现你的工作处理起来容易许多而且也更有头绪。

一家新奥尔良报纸的某位发行人曾告诉我，他的秘书帮他清理了一下桌子，结果发现了一架两年来一直找不着的打字机。

如果桌子上堆满了比较凌乱的东西，这样就很容易使人产生混乱、紧张和焦虑的感觉。更糟的是，它会让你感觉似乎有好多事情要做，可根本没时间做，根本做不完。这种情绪会使你忧虑得患高血压、心脏病和胃溃疡。

芝加哥和西北铁路公司的董事长罗西·输廉斯说："一个书桌上堆满了文件的人，若能把他的桌子清理一下，只留下需要立即完成的工作，就会发现他的工作更加明确也更加容易。我把这种清理叫做料理家务，这是提高效率的第一步。"

如果你到华盛顿的国会图书馆去，就会看到天花板上漆着"秩序，是天国的第一条法则"11个字，这是著名诗人波普写的。

宾夕法尼亚州立大学医学院的约翰·斯托克教授在美国医药学会全国大会上宣读过名为《生理疾病引起的心理并发症》的文章。在这篇文章中，他在一项"病人心理状况研究"的题目下列出11种情况，下面就是其中的一种：

"人常常会感觉到有件事情必须去做或者不得不做，并且会感到似乎有做不完的事情，著名的心理治疗专家输廉·山德尔博士，就曾用这种简单的方法治愈了一位病人。"

这位患者是芝加哥一家大公司的高级主管，当他初次到山德尔的诊所去的时候精神状况非常糟糕，甚至面临精神崩溃的危险。在就诊之前，他的办公室里有三张大写字台，他把全部时间都投入工作堆里，可是这些工作似乎永远都做不完。当他与山德尔谈过以后，回到办公室的第一件事就是清理出一大车的报表和旧文件，只留一张写字台，事情一到就马上办完。于是，再没有堆积如山的公事威胁他，他的工作渐渐有了起色，而且身体也恢复了健康。

区分事情的重要程度来安排工作顺序

前美国最高法院大法官查尔斯 · 伊文斯 · 休斯说："人不会因为过度的工作而死，却会病于高度的忧虑。"

要能够区分事情的重要程度从而来安排工作的先后顺序，这是第二种方法。

创办遍及全美的事务公司的亨瑞 · 杜哈提说，不论他出多少钱的薪水，都不可能找到一个具有两种能力的人。这两种能力是：第一，能思想；第二，能按事情的重要次序来做事。

查尔斯 · 卢克曼是培素登公司的董事长，12 年前他还是一个默默无闻的人，在 12 年内变成了每年 10 万美元的薪金，另外还有 100 万美元进项的成功人士。他说他的成功缘于他能够根据事情的轻重缓急来行事。卢克曼说："就我记忆所及，我每天早上 5 点钟起床，因为那时我的头脑要比其他时间更清楚。这样我可以比较周到地计划一天的工作，按事情的重要程度来安排做事的先后次序。"

富兰克林 · 白吉尔是美国最成功的保险推销员之一，他不会等到早晨 5 点才计划他当天的工作，他在头一天晚上就已经计划好了。他替自己订下一个目标——一天里卖掉多少保险的目标。如果没有完成，差额就加到第二天，依次类推。

如果萧伯纳没有坚持先做的事情就先做这一原则，那他一辈子就只能做银行出纳而不会成为戏剧家了。他拟定了计划，每天必须写作至少 5 页，他这样工作了 9 年。

当然，一个人不可能总按事情的重要程度安排计划，但按计划做事，也不失为一个很好的方法。

马上解决事情，不要拖延

第三种良好的工作习惯：当你碰到问题时，如果必须做决定，那就当机立断，不要拖延。

已故的 H. P· 霍华告诉我，当他在美国钢铁公司担任董事的时候，开始董事会总要花很多的时间讨论问题，但效率却不是太高，最后董事会的每一位董事都得带着一大包文件回家看。

后来，霍华先生说服了董事会，每次开会只讨论一个问题，然后做出结论，不耽搁，不拖延。这样所得的决议也许需要研究更多的资料。但是，在讨论下一个问题前，这个问题一定能形成决议。霍华先生告诉我，改革的结果非常惊人，也非常有效，所有的陈年旧账都了结了。日历上干干净净的，董事们也不必带着大包文件回家，大家也不再为没有解决的问题而忧虑。

这是个非常可行的方法，不仅适用于美国钢铁公司的董事会，也适用于你和我。

把事情交给其他人去做

第四种良好的工作习惯：学会如何组织、分层负责和监督。

很多商人都在自掘坟墓，因为他们不懂得怎样把责任分摊给其他人，凡事都要亲力亲为，可想而知其结果是，很多枝节小事使他手忙脚乱，忙得不可开交。他总觉得匆忙、焦虑和紧张。一个经营大事业的人，如果没有学会怎样组织、分层负责和监督，那他很可能在 50 多岁或 60 出头的时候死于心脏病。

我过去觉得分层负责非常困难，而负责人如果不能很好地组织，那么就会带来很大的麻烦，但一个做上级主管的人如果想避免忧虑、紧张和疲劳，这不失为一个好的方法。

第三节　告别心理烦闷

工作了一天的爱丽丝小姐傍晚才回到家中。她腰酸背痛，疲惫不堪，她不想吃饭，只想睡觉。正在这时，男朋友打来电话邀她去跳舞。顿时她兴奋不以，于是她打起了十二分精神。她换上衣服，冲出门去，一直跳到凌晨 3 点才回来。她没有丝毫的睡意，反而兴奋地睡不着。

看得出来，工作的烦恼让她觉得疲劳，使她对生活也产生厌烦。世界上像这样的人很多，或许你就是其中之一。

做自己感兴趣的事就不累

约瑟夫·巴马克博士在《心理学学报》上有一篇报告，谈到了他的一次实验。

他安排一大群大学生参加一连串的实验工作，他们对于这些实验感到枯燥乏味。结果所有的学生都觉得疲倦、头疼、眼睛疼，而且总打磕睡、想发脾气，甚至有几个人胃不舒服。通过给他们化验得知，一个人烦闷的时候，他身体的血液和氧化作用会有所下降。一旦人们觉得工作有趣的时候，其新陈代谢作用就会加速。

如果我们做些令人兴奋，并且非常有趣的事情那么就不会感到厌烦了。

比如，我最近在加拿大落基山的路易斯湖畔度假，钓了好几天的鲤鱼。

我还要穿过长得比人高的树丛，跨过很多横卧在地上的横枝，可是如此辛苦了 8 个小时之后，我却丝毫不感到疲倦。为什么呢？因为我非常兴奋，兴致勃勃，而且觉得自己真的不虚此行：钓到了 6 条个头很大的鲤鱼。但是如果我觉得钓鱼是一件很烦闷的事情，那你想我会有什么感觉呢？我一定会因为在海拔 7000 英尺的高山上这么来来回回地奔波而感到筋疲力尽的。

哥伦比亚大学的爱德华博士经过多次调查和实验得出结论："工作能量降低的真正原因是烦闷。"

你有多大的能力在你感兴趣的事情上都可以很好地体现出来。下面是一位打字小姐的例子。

她在俄克拉何马州托沙城的一个石油公司工作。每个月她都得填写石油销售报表，对此她感到非常的无聊。她为了提高工作情绪，就想出一个办法，把它变成一项有趣的工作。

怎么做呢？她每天跟自己竞赛。她统计出上午打印的数量，然后争取在下午打破纪录，再统计出第一天打印的总数，争取在第二天打破纪录。这样一来，她的速度比别人快得多，而且有助于防止烦闷带来的疲劳，她因此节省下了体力和精神，在休息时间也得到了更多的快乐。

她就是我的妻子，所以我知道这件事的真实性。下面是另一位打字小姐的故事。

如何让工作变成一件有趣味的事

她叫维莉·哥顿，家往伊利诺伊州爱姆霍斯特城。她发现，假装工作很有意思，会使人得到很多的报偿。她讲述了下面的故事：

“我们办公室一共有 4 位打字员，分别替几个人打信件。我们经常因工作量太多而加班加点。有一天，一个副经理坚持要我把一封长信重打一遍，我告诉他只要改一改就行，不需要全部重打。可她对我说‘如果我不重来他就另外雇人了’。这使我非常生气，但是为了这个职位和薪水，我只好假装喜欢重新打这封信。慢慢我发现如果我假装喜欢工作，那我真的会喜欢到某种程度，而这时我的工作速度就加快。我的工作态度也得到了大家的肯定，后来一位主管请我去做私人秘书，因为他了解我很乐意做一些额外的工作而不抱怨。心理状态的转变给我带来了好的机会。”

哥顿小姐运用了汉斯·威辛吉教授的“假装”哲学，他教我们要“假装”快乐。

如果你“假装”对工作有兴趣，这一点点假装会使你的兴趣变成真的，可以减少你的疲劳、忧虑和烦闷。

著名的无线电新闻分析家 H. V· 卡腾堡曾告诉我如何将一件毫无乐趣的工作变得很有趣。

他 22 岁那年，在一艘横渡大西洋运牲畜的船上工作，为船上运载的牲口喂水和饲料。然后他骑着自行车周游了全英国，接着到了法国。到达巴黎时他花光了所有的积蓄，逼不得已把随身带的相机换了钱，在巴黎版的《纽约先躯报》上登了一个求职广告，找到了一份推销立体观测镜的差事。

他不会说法语，他挨家挨户地推销，经过一年的努力后他居然挣了 5000 美元的佣金，成了当年法国收入最高的推销员。

那么他究竟是怎样创造出奇迹的呢？

起初，他请老板用纯正的法语把他应该说的话写下来，然后背得滚瓜烂熟。他就这样去按人家的门铃。家庭主妇开门之后，他就开始背诵老板教的推销用语。他那并不标准的法语使人觉得很滑稽，他趁此机会递上实物照片。如果对方问一些问题，他就耸耸肩说“美国人……美国人”，同时摘下帽子，把藏在帽子里的讲稿指给人家看。那个家庭主妇当然会大笑起来，他也跟着大笑，然后再给对方看更多的照片。

当卡腾堡讲述这些事情的时候，他很坦白地承认这种工作实在很不容易。他之所以能挺过去，就是靠着一个信念：他要把这个工作变得有乐趣。

每天早上出门之前，他都要对着镜子里的自己说：“卡腾堡，如果你要吃饭，就得做这件事。既然非做不可，那你何必不做得痛快一点儿呢？就假想你是一个演员，正站在舞台上，下面有很多观众正注视着你。你现在做的事就像演戏一样，何必不高兴点儿呢？”

卡腾堡告诉我，每天说一些鼓励自己的话，有助于找回自己的信心从而使自己充满自信，所以你也来试试吧！

每天早晨给自己打气，是不是一件很傻、很肤浅、很孩子气的事呢？不是的，这在心理学上是非常重要的。

1800 年前，马尔卡斯·艾吕斯在他的《沉思录》一书中写道："我们的生活，就是由我们的幻想创造的。"这句话在今天也同样是真理，要不断地提醒自己。

如果你在工作上得不到快乐的话，那你在别的地方也不可能找到快乐，因为你一天的大部分时间都在工作。如果你经常给自己打气，创造工作的兴趣，那你就会把疲劳降到最低程度，这样不仅会提高工作效率，甚至对你今后的发展也是很有帮助的。即使得不到这样的效果，但至少减少了疲劳和忧虑，从而可以更好地享受生活。

第四节　不要因为失眠而焦虑

一天，我的夫人对我说："亲爱的，我看你晚上好像老睡不着，是不是该去看医生了。"我告诉夫人，我的确是失眠了，那是服用了一种保健品的副作用，所以不要看医生。在这里我想说的是，失眠到底要不要去看医生呢？因为我虽然睡不着，但是我并不焦虑。

只要不焦虑，干嘛非要睡得好

你有时一定为你难以入眠而感到忧虑吧？然而你也许不知道，国际知名的大律师撒姆尔·安特梅尔一辈子都没有好好睡过一天。

他上大学时，最难受的是两件事：气喘病和失眠症。这两种病想要彻底地治好有点难，况且他的病非常严重。于是他决定退而求其次，失眠时不在床上翻来覆去，而是下床读书。结果，他在班上每门功课成绩都名列前茅，成了纽约市立大学的奇才。

他当了律师以后，失眠症仍困扰着他。但他一点也不忧虑，他说："大自然会照顾我。"事实真的如此，他虽然每天睡眠很少，健康状况却一直良好，他的工作成绩超过了同事，因为别人睡觉的时候，他还是清醒的。

他在 21 岁的时候，年薪已高达 7.5 万美元。1931 年，他在一桩诉讼案中得到的酬金是历史上律师收入的最高纪录：100 万美元。但失眠症仍没办法摆脱。他晚上有一半时间用于阅读，清晨 5 点就起床，当大多数人刚刚开始工作的时候，他一天的工作差不多已经做完一半了。

他一直活到 81 岁，一辈子没有睡过一天熟觉，但是他一点也没有为此而烦躁忧虑，不然的话他也就没有后来的成就。

我们的一生有 1/3 的时间花在睡眠上，可是没人知道睡眠究竟是怎么回事。我们只知道睡觉是一种习惯，是生理上的基本需求，但我们不清楚每个人需要几个小时的睡眠，更不清楚我们是不是非要睡觉不可。

也许难以令人置信，在第一次世界大战期间，一个名叫保罗·柯恩的匈牙利士兵，脑前被子弹打穿，伤愈后，他再也无法睡眠，而且不觉得困倦。所有的医生都以为他活不了多长时间，但事实并非如此。他找到一份工作，健康生活了许多年。有时他会躺下闭目养神，却从来不能进入梦乡。

他的病例是医学史上的一个谜，也推翻了我们对睡眠的许多传统看法。睡眠时间可能因人而异。著名指挥家托斯卡尼尼每晚只睡 5 个小时，而柯立芝总统每天却要睡 11 个小时。

失眠不可怕，最可怕的是为此而焦虑

为失眠而忧虑所产生的损害远远超过失眠本身。我的一个学生伊拉·桑德勒就几乎因为严重的失眠症而自杀。下面是他的故事。

最初他睡眠很好，闹钟都吵不醒，结果每天早上上班都迟到。老板警告他，如果再睡过头，就收拾东西走人。他的一个朋友向他建议，在睡觉时把注意力集中到闹钟上，结果那该死的嘀嗒嘀咯的声音缠着他不放，让他整夜睡不着，翻来覆去，焦躁不安。到了早晨，他几乎不能动了。

就这样一直被折磨了两个月，他想他一定是神经失常了。有时他会走来走去转上几个钟头，甚至想从窗口跳出去一死了之。最后他找了一位医生，医生说："伊拉，我没有办法帮你的忙。如果每天晚上上床之后不能入睡，就对自己说'我才不在乎睡得着睡不着，就算醒着躺一夜，那也能得到休息'。"

他照医生的话去做，不到两个星期就能安稳入睡了。不到一个月，他的睡眠就恢复了 8 小时，精神上也没有痛苦了。

使伊拉·桑德勒受到折磨的不是失眠症，而是失眠引起的焦虑。

让自己安稳地睡个好觉

是否有安全感是安稳入睡的一个必要条件。大卫·哈罗·芬克博士曾写过一本书名为《消除神经紧张》，书中明确地提出和自己交谈的方法。他认为，语言是一切催眠法的主要关键。如果你要从失眠状态中解脱出来，你就对你身上的肌肉说："放松，一切放松。"

众所周知，肌肉紧张时，人的思想和神经就不可能放松。所以，如果我们想要入睡的话，就必须从放松肌肉开始。然后，为了同样的理由，把几个小枕头垫在手臂底下，使自己的下颚、眼睛、手臂和双腿放松，我们会在还不知道是怎么回事之前就入睡了。

如果你想找一个有效治疗失眠的方法，那就尽量使自己忙碌吧。你可以去种花、游泳、打网球、打高尔夫球、滑雪，这是著名作家德莱塞的做法。他当年还是一个为生活挣扎的年轻作家时，也曾经为失眠忧虑过。于是，他到纽约中央铁路去找了一份铁路工人的工作。在做了一天打钉和铲石子的工作之后，就疲倦得甚至于没有办法坐在那里把晚饭吃完。

假如我们十分疲倦的话，即使我们是在走路，我们也会睡意绵绵。当一个人完全筋疲力尽之后，即使在打雷或战争的恐怖和危险之下也能安然入睡。

著名的神经科医生佛斯特·甘乃迪博士告诉我说，1918 年，英国第五军撤退时，他就见过筋疲力尽的士兵随地倒下，睡得就像昏过去一样。虽然他用手撑开他们的眼皮，他们仍不会醒来。他们所有人的眼球都在眼眶里向上翻起。

"从那以后，每当我睡不着的时候，就把我的眼珠翻成那个位置。我发现，不到几秒钟，我就会开始打哈欠，睡意沉重，这是一种我没有办法控制的自动反应。"

不论一个人的控制力有多么强大，他都不会用不睡觉的方式自杀，大自然都会强迫一个人入睡。我们可以长久不吃东西、不喝水，却无法长时间的不睡觉。

亨利·林克博士是心理问题公司的副总裁，他曾经和很多因忧虑而颓丧的人谈过。在《人的再发现》一书中的《消除恐惧与忧虑》一章里，他谈到他曾对一个一心想自杀的人说："反正你是要自杀的，那你至少也要像个英雄，绕着这条街跑到你累死为止吧。"

这个人果然去试了，不只是一次，而且试了好几次，每一次都觉得好受一些。到了第三天晚上，林克博士终于达到他最初想要达到的目的——这个病人由于身体疲劳（在肉体上也放松了）睡得很沉。后来这位病人参加了一个体育俱乐部，参加各种运动项目，再也没有产生过自杀的念头。

第五节　人人都需要点鼓励

当朋友做了了不起的事情时，你应该对他们表示赞赏；当员工在工作上取得了成就时，你应该给予他们应有的肯定。每个人都需要别人的鼓励，这既是一种认可，也给了我们继续奋斗的动力。

人人都喜欢欣赏自己的人

我有一个40岁的朋友，最近他终于摆脱了单身生活订婚了。未婚妻要他去学跳舞，他跟我发牢骚说：“我的上帝！我可不想学跳舞，自打20年前我开始跳舞后，我一直都是这么跳的。可之前给我上课的舞蹈老师说，我跳舞的方法根本不对，必须把我20多年的习惯扔掉，再重新学。这让我很沮丧，一点学跳舞的兴趣都没有了，干脆不去学了。

“第二个教我的老师却不是这样说的，她委婉地说我跳得有点过时，不过基础还不错，只要我再学一点新东西就很完美了。她的话我轻而易举就接受了。我的第一位老师，总是说我不好的地方，这让我对自己失去信心因而变得十分沮丧。而第二位老师，则经常夸我好的地方，不会刻意地去在意我不好的地方。比方说，她会称赞我韵律感好，天生是块跳舞的料。其实我心里清楚得很，我不可能是位真正优秀的舞者，但我还是喜欢跟第二位老师学跳舞。虽然她这样说可能是因为钱的缘故，但我不在乎。因为我觉得，能够取得现在的成绩这和她的鼓励是密不可分的，是她让我有信心解决自己的问题。”

要是你对自己的孩子、爱人、下属说他们在某方面缺少天赋，那你就犯了一个很大的错误，这样会令他们丧失学习的积极性。反之，要是你大度一点，给他们以充分的鼓励，让他们相信自己能做好，自己还有很大的潜力，他们就会不断努力，不停地进步。

成就来源于有效的鼓励

人事关系专家罗维尔·托马斯就用了这个方法给人以信心和勇气。一次，我和托马斯夫妇共度周末，他们邀请我和他们一起玩桥牌，但是桥牌对于我来说完全是陌生的，所以我很坦白地对他们说我一点都不懂桥牌。

托马斯却说："不会这样的。戴尔，桥牌很简单的，只要你记住并做出判断就行了。真的，戴尔，对于你来说不会太难，你要对你自己有信心。你连写记忆文章的经历都有，这点绝对难不倒你。"

是托马斯使我鼓起了信心让我觉得桥牌确实很容易。于是不知不觉的，我就坐到了牌桌前。

说到桥牌，我又想起了艾利·库柏森。他曾写过有关桥牌的书，在世界各地出版发行，并被翻译成十几种语言，销量达数百万册以上。但他告诉我他只所以有今天的成就和一位女士的鼓励是密不可分的，否则自己的人生肯定过的不会像现在这样精彩。

1922年他刚来美国的时候，想找一份教哲学和社会学的工作，却没机会。后来就卖煤，又卖咖啡，但都失败了。在做这些工作之余他也玩桥牌，但他从没想过把这当成终生职业。当时他玩牌的技术还很差，而且又比较固执，玩一圈就提出问题，还不停地跟人讨论，因此大家都不愿意跟他玩。

后来他认识了美丽的桥牌老师约瑟芬·迪伦。他们相爱了，结婚了。约瑟芬发现，自己的丈夫总喜欢用心研究自己的牌，就对他说，你在桥牌方面有很大的天赋和潜力。就是这样的鼓励，让他决定把桥牌当成自己的职业。

导师琼斯的儿子大卫的故事

培训班上的导师琼斯为我们讲了这样一个故事，他就是用激励的方法改变了自己的儿子。

“我有一个15岁的儿子大卫，自从1970年他来到辛辛那提后一直跟我生活在一起。他过去的经历很坎坷。1958年的一次车祸，使他的头部受伤，至今他的额头上还留着一道疤，1960年，我和他妈妈离婚了，后来他和他妈妈生活在一起。来我这儿之前，他是达拉斯特别班里的学生，学习有些迟钝。学校认为他的大脑受过伤害，造成了学习上的障碍，所以让他留级了两次，因此到现在为止，他还是七年级的学生。他不会背诵乘法口诀，数数的时候用手指，而且朗诵的时候也不流畅。

“但是值得欣慰的是，他并非一无是处，他喜欢研究收音机和电视机，梦想成为一名电视机技师。对于他的这项仅有的爱好我非常支持，我对他说，要想实现梦想，就需要先学好数学。于是我就帮他补习数学，给他买了包括加减乘除的四组彩色卡片，我跟他一起看卡片，让他把正确的答案放在空白栏里。要是他弄错了，我会说他是对的，然后再放到正确的位置。花费了好长的时间和精力，他终于都放对了。此后每晚我都让他再完整地放一次，并为他计时。我告诉他，要是他只用8分钟就能把所有的卡片放到正确的位置，那就不用每天都做了。当时这对他来说根本是不可能的事。第一次，他用了52分钟，第二次，用了48分钟，后来，45分钟，40分钟，41分钟……

“他每有进步，我们就庆贺一番。后来他已经用不了4[illegible]分钟了，我把他的妈妈叫回来，我们抱着儿子跳起吉格舞来。到月底，奇迹终于出现了。他已经能在 8 分钟之内正确地放完所有的卡片。我不断地给予他鼓励，后来他欣喜地发现学习不是一件特别困难的事情，反而对学习产生了兴趣。

“他的数学成绩因此不断进步。没多久，他就拿回一张成绩为 B 的数学成绩单，这对以前的他来说简直是不可思议的事情，可现在竟然实现了！与此同时，在其他方面，他也有了惊人的进步，阅读能力提高了，还表现出绘画的天赋。期末的时候，他在科学老师的建议下筹备参加一个展览比赛，利用杠杆的原理，他设计并制造了一个高难度的模型，充分展示了他的绘画和动手技巧，而且显示了自己在数学、物理上的才能。这次科学展览比赛，他获得了第一名。他接着参加了辛辛那提市科学展览的比赛，又获得了全市第三名。

“不断的鼓励让他对自己充满了信心从而做到了这一切。这个曾经留级两年的学生，被学校认为大脑有问题的学生，同学口中的‘现代原始人’，当他发现学习并不是一件困难的事时，奇迹一个个出现了。从那时一直到到高中毕业，他的成绩都是出类拔萃的，他的人生也会因此而改变。”

第六节　实现工作与生活的平衡

安妮花了 5 年的时间终于决定改变工作，重新安顿身心，她领悟到工作中的快不快乐，可能只是 5.1 比 4.9 的微差而已，中间有个阶梯，你可能爬到中间的梯子拥有恰好的平衡，也可能只走了一阶。即便如此这也是你的进步所在，平衡尺上的浮标又往前游移一格。

生活靠自己去调节

安妮有个生命平衡法则，用来制衡工作与生活。她将生命分成健康、时间、自由与快乐四块，视个人情况进行合理的安排。如果每个元素都不缺，反映到工作中的态度与情绪就比较平和，因而获得适当的平衡。长期处在平衡中就能够向积极的方面发展。

许多专家呼吁，积极思考可以调适工作压力，清除不必要的情绪。上班族多亲近正向思考的人能减少倦怠感。

她的做法是，如果事情变得很糟糕，她不会长时间的情绪低落。她很快会换个想法：“太棒了，我又学到一招，下次又有机会尝试其他处理方法，我不因此认为自己很差劲。”

学会工作的同时也要学会休息。在职场上学习让自己喘口气是一门学问。

罗拉，一个中型电脑公司的总经理，她一年至少休一次长达两星期的假，半年内会有几次短短两天的假，不一定出国，有时只是到山里或海边走走。

如果感觉莫名的倦怠迫在眉睫，休假又遥遥无期，试着忙里偷闲吧。

一位女作家透露她平时是如何排解倦怠的：“我偶尔请个半天假，溜去街上晃晃、逛书局或找个清幽的咖啡店想事情。在忙碌中留点空间给自己，因为塞得太满容易窒息。”

美国石油大王洛克菲勒在平衡工作与生活关系方面可谓是一个专

家。谈起工作和生活，他说："这么多年以来，我一直遵守着好好工作的原则，花一点时间享受当父亲的滋味。但是回头看去，很显然我所选择的平衡对于我家里和办公室的其他人都有不利的影响。例如，我的孩子们主要是由他们的母亲独自带大的。

"怎样使工作和生活得到平衡一直是中年人备受关注的问题，但似乎直到我退休之后，它才真正热门起来。在我过去的工作中，我听到了许多这方面的问题。最常见的是：'你怎么会有那么多的时间去打球，还能继续干好总裁的工作？'"

如何合理安排生活中主次问题的顺序，很显然我不是这方面的专家。何况我一直以为这些选择应取决于个人。

平衡工作和个人生活

自己和自己之间就所得和所失进行的交易，简单地说工作与生活的平衡是一个交易。平衡意味着选择和取舍，并承担相应的后果。让我们站到你的老板的视角上，换个位置对工作与生活的平衡问题做些思考。

(1) 你的老板最关心的事情是竞争力。当然他也希望你能快乐，那是因为你优秀的工作表现能够使公司获得利益。实际上，如果他的工作做得好，他就可以让你的工作变得很有吸引力，从而进一步提高你的工作能力。

老板给你付工资的原因，是因为他希望你能够全身心地投入到你的工作当中，包括你的头脑、体力、活力和精神。

(2) 如果你能给老板出色的业绩。这里的关键词是"如果"。绝大多数的老板都很乐意协助员工来处理工作与生活之间的矛盾。

(3) 老板们很清楚，公司手册上面关于工作、生活平衡的政策主要是面向新人的招聘工具，而真实的平衡安排是在老板与员工之间就具体问题进行单独谈判得到的，其背景是一个相互支持性的企业文化，而不要总是强调“但是公司规定是这样的……”

（4）那些公开为工作与生活的矛盾问题而斗争、动辄要求公司提供帮助的人，会被当成动摇不定、摆资格、不愿意承担义务或者无能的人，因此，那些消极抱怨的人最终总免不了被边缘化的命运。

所以，在你第5次开口要求公司减少你的出差，要求在星期四上午请假，或者希望回家去照顾小孩之前，你应该知道自己是在发表一项声明。但是不管你用什么样的语气，你的请求在别人听来都似乎是：“我对这里的工作并不真的感兴趣。”

（5）即使最宽宏大量的老板也会认为，你没有真正处理好工作与生活的平衡问题。实际上，很多人其实心里面都明白，的确有一些策略能帮助你处理好这个问题，他们也希望你能采用。

毫无疑问，谈判、协调这种平衡关系要给经理人的工作带来一些困难。但是你的经理人应该很乐意接受这样的挑战，因为那会给他提供另外一套办法来激励和挽留优秀的员工。这套新办法与高薪、红利、晋升或其他所有形式的认可一样有效。

不过，在此期间，你应该要寻找一些方法来帮助自己解决这个问题。有关工作与生活的话题已经讨论了相当长的时间了，从中也总结了许多不好的经验。那些非常老练的老板们都知道这些技巧，很多人自己已经开始采纳，因此希望你也能够借鉴这种方法。

通过阅读以上内容，我们知道平衡工作和生活是一个人取得事业上成功的关键因素，也是很多企业在招聘员工时的重要参照标准。一个能够出色处理工作与生活平衡的人，既不会像工作狂那样拼命地忠于工作，不顾生活，也不会像一个碌碌无为、毫无事业心整日混日子的小职员那样打发时光。他应是一个高效工作、精力充沛、富有生活情趣的人。

第五章

培养平安快乐的心情

chapter 5

第一节 快乐源于心境

生活的快乐与否完全决定于个人对人、事、物的看法如何，因为矛盾是事物产生的原因。世界上的万事万物都是由于矛盾产生的，因此我们的思想也就造成了矛盾。

思想决定我们的一切

在前几年，我参加一个广播节目，他们要找出“一直以来你学到的最重要的一课是什么？”其实这不难回答，我所学到的最重要的一课是：思想的重要性。只要知道你在想些什么，大概就知道你是一个什么样的人，因为每个人的特性，都是由思想造成的，我们的命运完全决定于我们的心理状态。爱默生说：“一个人就是他整天所想的那些……他怎么会又是另外一个样子呢？”

我现在很确切地知道，我们现在所面临的似乎可以算是我们需要应付的惟一问题，那就是如何选择正确的思想。如果我们每个人都能够做到这一点，那么所有的问题对于我们来说都是小儿科。曾经统治罗马帝国的伟大哲学家马尔卡斯·阿理流士把这些总结成一句话，决定你命运的一句话：“我们的思想造就了我们的生活。”

不错，如果我们的脑海中想的都是快乐的事情那么我们就能快乐；如果我们想的都是悲伤的事情，我们就会悲伤；如果我们想到一些可怕的情况，我们就会害怕；如果我们总有不好的念头，我们恐怕就不会安心了；如果我们想的净是失败，我们就会失败；如果我们沉浸在自怜里，大家就都会有意躲开我们。所以，是思想决定我们的一切。

有藐视一切苦难的心

诺曼·文生·皮尔说：“你并不是你想象中的那样，而你却是你所想的。”我这么说并不代表对于所有的困难，我们都应该用习惯性的乐天态度去看，生命不会这么单纯。然而我们应该用积极的心态去面对，而不要采取消极的态度。也就是说我们必须关注我们的问题，但是不能忧虑。关注和忧虑之间的分别是什么呢？简单地说每一次我要通过交通拥挤的纽约市街时，我就会很关注我正在做的这件事——但是并不会忧虑。关注的意思就是要了解问题在哪里，然后去寻找可靠的方法解决，但是忧虑却截然不同它会使人发疯似地转圈。

一个人可以关注一个严重的问题，但是要昂首挺胸过正常的生活。

罗威尔·汤姆斯就是这样的一个人。他和助手们至少到过六个战场拍摄纪录片。他拍摄劳伦斯与阿拉伯军队决战的纪录片，拍摄艾伦比征服圣地的影片。他以“与爱伦拜在巴勒斯坦及阿拉伯的劳伦斯”为题的演讲，在世界各地引起了轰动。伦敦传统的歌剧节因此延后六周，以便他继续在皇家歌剧院娓娓动听地叙述他惊心动魄的故事并放映纪录片。在轰动伦敦之后，他又在世界各地掀起了一阵旋风。后来，他又花了一年时间拍摄他在阿富汗生活的纪录片。

然而，不幸的事却接踵而来，最可怕的事情发生了：他在伦敦宣告破产。

当时我正好跟他在一起，我依旧清楚地记得，那时候我们不得不在街口的小饭店吃最便宜的食物，如果不是汤姆斯向一位艺术家朋友借了点钱，我们甚至连那一点菲薄的食物也吃不到。对这个故事我想说的是：即使威尔·汤姆斯在巨大的债务和挫折面前，也没有为此而感到忧虑，而是用积极的的态度去解决自己的问题。

他明白，如果他被这一次的困难所击倒，那么他就会变得一无所有，包括他的债权人在内。每天早晨出门前，他一定在牛津街上昂首挺胸，他积极、有勇气，拒绝被挫折打倒。

对他来说，挫折是人生对他的小小的考验！如果想要有所成就，那么这不失为最有意义的磨炼。

生活的磨练是一个人的福气

我们的精神状态，对我们的身体和力量，也有着令人难以置信的影响。著名的英国心理学家哈德飞，在他那本非常了不起的只有54页的小书《力量心理学》里，清楚地说明这种力量。“我请来三个人，”他写道，“以便实验心理对生理的影响。我们以握力计来度量。”他要被试者在三种不同的情况下，尽全力抓紧握力计。

在一般的清醒状态下，被试者平均的握力是 101 磅。

然后将被试者催眠，并告诉他们，他们非常虚弱。实验的结果，他们的握力只有 29 磅——还不到他们正常力量的 1/3。

最后哈德飞再让这些人做第三次实验：在催眠之后，告诉他们说他们非常强壮，结果他们的握力平均达到 142 磅。当他们在思想上认定自己有力量之后，他们的力量几乎增加了 50%。这就是我们难以置信的心理力量。

为了说明思想的力量，我知道一个惊人的故事并一直想为这个故事写一本书，下面我就简述一下这个故事：

一个十月的夜晚，美国内战刚结束不久，无家可归的艾太太在街上茫然游荡，她晃到一个退休船长的太太——韦太太家门前敲门。

韦太太打开门看到一个可怜的瘦小女人：体重不会超过 100 磅，一身皮包骨头。艾太太解释说她想找一个可以休息的地方，解决一下她日日夜夜所思考的问题。韦太太说道：“那就在这里留一宿吧！反正这间房子大着呢。”

后来，韦太太的女婿刚好从纽约来此地度假，发现艾太太住在家里，于是暴跳如雷地说：“我不可以让一个无赖住在家里！”于是就把她赶了出去。

她在雨中呆站了几分钟，只好在街上找个遮雨的地方。

这个故事的惊人之处是：被韦太太女婿赶出去的这个“无赖”，后来竟成了世界上极具思想影响力的一位女性，因为她正是基督科学教派的创始人玛丽·艾蒂，她有几千万信仰者。不过，当时生命对她而言只是一连串的病痛、愁苦与悲剧。第一任丈夫在婚后不久即去世了。接着她被第二任丈夫遗弃，不过第二任丈夫在爱上了有夫之妇后，最后死于贫民窟。她只有一个儿子，可是因为贫病交加，不得不在他 4 岁时送给别人抚养，35 年来未曾见过他。她失去了一切。

因为自己的身体状况也不是太好，几年来她一直对被她自己称为“心灵治疗学”的极感兴趣。然而，真正戏剧性的转折发生在麻省的那个寒冷的夜晚里，她一个人游荡街头，在结冰的人行道上，她滑倒了，摔得不省人事。她的脊背受了重伤，引起全身痉挛。连医生都宣告她的死亡，即使发生奇迹，能够活下来也将终生瘫痪。几乎躺在床上等死的她，哆嗦着打开她的圣经，她认为自己受到圣灵的引导，她看到《马太福音》上的一段话：“一个不能行走的人，来到耶稣跟前……耶稣对他说：‘孩子，平安吧！我已经赦免了你的罪恶……站起来——拿出信心来，回家去吧！’于是那个人就走回去了。”后来，她宣称，是耶稣的话在她内心产生力量，是一种真正的信念，一种治愈一切疾病的力量，使她“立即下床走路”。

她说：“那次经验引导我发现治疗我自己和治愈别人的方法……我有科学的依据，我认为这都是人内心的力量，是一种心理现象。”

就这样她创立了一种新宗教：基督科学——惟一女性创立的伟大宗教信仰，现在已流行全世界。

你现在一定在想：“这个卡耐基已经归依基督学教了。”错了，我不是基督学派的教友。只不过，随着年事愈长，我愈深信思想的巨大力量。

如果活得不顺，请改变你的想法

从许多年我教授成人的经验来看，我知道人真的可以通过改变想法来克服忧虑、恐惧，以至于各种病痛，是指因此会获得成功而改变人生。我知道！我确信！

我亲眼目睹这种改变不下几百次，我见过这么多，对于这一点是无可厚非的。

活了半百，如果我真学到什么，那就是：“除了你自己，没有别人能带给你平安。”

我只想重复爱默生在他那篇叫做《自信》的散文里所说的那句结束语：“一次政治性的胜利，地产收益提高了，你的病体康复了，好久不见的朋友出现了，或任何其他外来的事物，使你士气高昂，你以为好日子就在前面。切勿轻信，世事并非如此。除了你自己，没有别人能带给你平安。”

斯多喀学派宗师艾匹克蒂塔斯曾经警告我们，扫除不恰当的心理比割掉身上的毒瘤还要重要。

艾匹克蒂塔斯说这句话是 19 世纪前，不过他的说法还是得到现代医学的支持。罗宾森医生宣称 5 位住进霍普金斯医院的病人中就有 4 位受到情绪和压力的困扰，而针对器官失调之类的病更是如此。

归根结底都是因为对于生活没有适当的调节所导致的，“伤害人的并非事件本身，而是人对事件的看法”。而对事件的看法完全取决于我们自己。这句话成为法国哲学家蒙田一生的座右铭。

第二节 每个人都有快乐的理由

我们生活中大概 90% 都进行得很顺利，只有 10% 的不顺。如果我们想要快乐，只需集中注意力在那 90% 的好事上，不去看那 10% 就可以了。

你的境遇不是最糟糕的

我们每天都生活在美好的童话王国里，但即使如此我们却看不到也感受不到快乐，这是为什么呢？

我认识哈罗·艾伯特好多年了，他以前是我的教务主任。有一天，他和我在堪萨斯城碰头，最后他开车送我到密苏里州贝尔城——我的农庄。路上，我问他为什么每天是如此的快乐，他告诉我一个使我终身难忘而且很有意思的故事。

“我以前常为很多事情而忧虑，”艾伯特说，“可是，1934 年春天的某一天，韦伯镇西道提街上的一幕景象使我以后永远不再感到忧虑。事情发生的前后只有 10 秒钟，可是在那短短的 10 秒钟里学到的东西使我受益终身。”

哈罗·艾伯特在韦伯城开过两年的杂货店，在那两年里，他不单是赔光了所有的积蓄，而且还借了债，花了 7 年的时间才还清。艾伯特的杂货店刚开了一个礼拜就关了门，当时他正准备到工矿银行去借点钱，以便到堪萨斯城去找一份差事。艾伯特无精打采地晃悠在路上，完全丧失了斗志和信心。突然之间，看见迎面来了一个没有腿的人，坐在一个小小的木头平台上，下面装着从溜冰鞋上拆下来的轮子，两手各抓一片木头，撑着地让自己滑过街来。艾伯特看到那个人的时候，那个人也正看着他，那人对艾伯特咧嘴笑了笑，并且对他说：“你早啊先生，早上天气真好，是不是？”

艾伯特看着眼前的景象，突然发现自己是如此的幸运，比起眼前的这个人富有多了。

他对自己说：那缺了两腿的人都能做到的事，为什么我做不到。他立刻觉得自己的胸膛已经挺了起来。本来只是想去向工矿银行借 100 美元的，可是现在他有勇气借 200 美元。本来他打算到堪萨斯城抱着试试的心态找一份工作，但是，他现在相信自己能够找到一份好工作。现在，他在浴室的镜子上贴着几句话：“人家骑马我骑驴，回头看看推车汉，比上不足，比下有余。”以便他每天刮胡子的时候都能看到。

看看自己拥有的

有一次我问艾迪·霍根伯克，当他毫无希望地迷失在太平洋中，和他的同伴在救生筏上漂流了 21 天之久时，他学到的最重要的一课是什么。“如果你有足够的新鲜水可以喝，有足够的食物可以吃，就绝不要再抱怨任何事情。这就是我学到最重要的一课。”

《时代杂志》有一篇报道，讲到一个军官在关达坎诺受了伤，喉部被碎弹片击中，输了7次血，他写了一张纸条给他的医生，问道：“我能活下去吗？”医生回答说：“可以的。”他又写了一张纸条问道：“我还能不能说话？”医生又回答他说可以的。然后他再写一张纸条说：“那我还得担心什么？”医生回答：“你为什么不问自己：‘那我还有什么担心的？’”

生活赋予我们的事情，大概有90%都是对的，只有10%是错的。如果我们想要得到快乐，我们所应该做的就是：集中精神在那90%对的事情上，而不要理会那10%的错误。如果我们想要担忧，想要难过，想要得胃溃疡，很简单我们只要集中精神去想那10%的错事，而不管那90%的好事我们就完全可以做到。

我们无论何时都能得到“快乐医生”的免费服务，只要我们能把注意力集中在我们所拥有的那么多令人难以置信的财富上——那些财富远超过阿里巴巴的珍宝。你愿意把你的两只眼睛卖1亿美元吗？你肯把你的两条腿卖多少钱呢？还有你的两只手、你的听觉、你的家庭？把你所有的资产加在一起，你会惊讶地发现你的一切都不会卖掉，即使把洛克菲勒、福特和摩根3个家族所有的黄金都加在一起也不卖。

可是我们能否欣赏这些呢？答案是否定的。就像叔本华说的：“我们很少想我们已经拥有的，而总是想到我们所没有的。”世界上最大的悲剧在于，想象的痛苦可能比历史上所有的战争和疾病来得多。

约翰生曾说过：“能养成习惯看每件事最好的一面，真是千金不换的珍宝。”

我得提醒各位，说这句话的人可不是职业性的乐观主义者，事实上，他二十几年来深受焦虑、饥饿、穷困之苦，终于蜕化成为当时最著名的作家与评论家。

只要你愿意，没有什么能阻挡你的人生

罗根·史密斯说：“人的一生需要做两件事。第一，拥有你所向往的；然后，享受它们。只有最具智慧的、能够坚持的人才能做到第二点。”短短的一句话却包含了许多智慧。你想知道如何把在厨房洗碗的琐事变成有趣的事情吗？推荐你读一读达尔所著的《我要看！》。

这本书的作者是一位几近失明50年的妇人。她写道：“我仅存的一只眼上布满了斑点，所有的视力只靠左侧一点点小孔。我看书时，必须把书举到脸面前，并尽可能靠近我左眼左侧的仅存的视力‘区域’。”

但是她从未打算接受特殊的待遇和怜悯。小时候，她想和小朋友一起玩游戏，可是看不到任何记号，等到其他小朋友都回家了，她才趴在地上辨识那些记号。她把地上划的线完全熟记后，成为玩这个游戏的佼佼者。她在家自修，拿着放大的字体的书，靠近脸，近得睫毛都刷得到书页。她修得两个学位：明尼苏达大学的学士及哥伦比亚大学的硕士。

她开始在明尼苏达州一个小村庄上教书，到后来却成为南达柯达州一个学院的新闻文学教授。她在当地任教了13年，并常在妇女俱乐部演讲，上电台节目谈书籍与作者。她在书中写道：“在我内心深

处，始终不能祛除完全失明的恐惧。为了克服这一点，我只有对人生采取开心甚至天真的态度。”

1943 年，她已经 52 岁，奇迹发生了：极富盛名的梅梅育医院的一项手术，使她恢复了比以前好 40 倍的视力。

一个全新的令人振奋的世界展开在她的眼前。即使在水槽边洗碗对她也是一件令人兴奋的事。她写道：“我把手伸进去，抓起一大把小小的肥皂泡沫，我把它迎着光举起来。在每一个肥泡沫里，我都能看到一道小小的彩虹闪出来的明亮色彩。”

我们应该为此感到惭愧，我们这么多年来每天生活在一个美丽的童话王国里，可是我们却不知道好好的珍惜，为一些可能发生的事情而烦恼。

第三节　永远不要心存报复

耶稣说：虽然我们无法友好地对待我们的敌人，最起码我们应该善待自己，我们的心情、身体和容貌不应该受到敌人的控制，当我们的内心充满仇恨时，就是赋予敌人更大的力量来压倒自己，给他机会控制我们的胃口、血压、睡眠和健康，甚至心情。如果敌人知道会给敌人带来那么多的烦恼，那他一定会洋洋得意，因为憎恨伤不了对方一根毫毛，却能够亲手把自己送入地狱。

以柔和驱除愤怒

瑞典的乌普萨拉有一位名叫约翰·罗纳的先生，在维也纳从事律师工作。第二次世界大战前他回到了瑞典。当时他身无分文，急需找到一份进出口公司担任文书的工作。因为他懂得好几种语言，大多数公司都回信说由于战争的缘故，他们目前不需要这种服务，但他们会保留他的资料，等等。其中有一个人却回信给罗纳，说他对去他们那里工作的决定是错误的，他们根本不需要文书。即便需要，也不选一个像他那样连瑞典文字都写不好的人。罗纳收到此信时，非常气愤。这个瑞典人竟然敢说他不懂瑞典话。他自己的回信才是错误百出。于是罗纳写了一封足够气死对方的信。刚要寄出突然想到自己虽学过瑞典文，但它并非是自己的母语。也许真是自己犯了错误，若真是这样，自己应该加强学习才行。这个人可能还帮助了自己，虽然他表达得很糟糕。于是罗纳撕毁了那封信，决定再写一封感谢信。信的内容是这样的：他们根本不需要文书，还给自己回信，真是太好了。信中还说自己对他们公司判断错误，实在抱歉。写那封信是因为当时有人告诉自己他们是这一行业的领袖。自己不知道自己犯了文法上的错误，很惭愧。但自己会更努力学习瑞典文，减少错误，并且感谢。几天后，罗纳收到了回信，对方请他去办公室见面。罗纳如约前往，并得到了工作。罗纳自己找到了一个方法，那就是“以柔和驱除愤怒”。

“恨”到临头，也要学会“不在意”

有人问艾森豪威尔将军的儿子，他父亲是否怀恨敌人。他回答他父亲从不浪费一分钟去想那些他不喜欢的人。有一句话说，不能生气的人是傻瓜，不会生气的人才是智者。

前纽约市市长威廉·盖伦就以此作为他从政的原则。他曾遭枪击险些致命。当他躺在床上挣扎求生时，他说自己每晚睡觉前，必原谅所有的人和事。德国哲学家叔本华在他的《悲观论》中，把生命比做痛苦的旅程，然而在绝望的深渊中他仍说，如果可能，任何人都不应心怀仇恨。

加拿大的一个国家公园里有一处很美丽的山景，这座山是为了纪念英国护士艾迪丝·科卫尔于1915年10月12日在德军阵营中殉难而命名的。她当时在比利时的家中收留照顾一些受伤的法军与美军，并协助他们逃往荷兰。在她即将行刑的那天早上，军中的英国牧师到她被监禁的布鲁塞尔军营中看她，她那时才明白，光有爱国热情是不够的，她不应该怀恨和怨恨任何人。

1918年，密西西比州有一位黑人教师兼传教士琼斯即将被处死刑。当时还是第一次世界大战的时候，密西西比州中流传的谣言说，德军将策动黑人政变。琼斯被判策划叛乱，并将被处以死刑。当时，一群白人在教堂外听到琼斯在教堂内说：生命是一场搏斗，黑人们应拿起武器，为争取生存和成功而战。这些白人青年听到了“战斗、武器”，激动地冲人教堂，用绳索套上琼斯，把他拖到一英里远，推上绞台，燃起木柴，准备绞死他。这时有人喊道：现在让我们看看这个狂妄的牧师还有什么可说的。于是琼斯站在绞台上，脖子上套着绳索，开始谈他的人生与理想。

琼斯说：他 1970 年毕业于爱达荷大学。毕业时，有人请他加入旅馆业，有人愿出钱资助他接受音乐教育，都被他拒绝了。受到布克·华盛顿的影响他热衷于一个理想——立志去教育他贫困的同胞兄弟。于是，他前往美国南方也就是密西西比州的一个偏僻地方，那里也是他最后落脚的地方，把自己的手表当了 165 美元，就在野外开始办学校。琼斯告诉这些准备处死他的愤怒人群，为教育那些失学的孩子，自己是如何奋斗的，想将他们训练成有用的农民、工人、厨师和管家。他也告诉这些白人，在他兴办学校的过程中，一些白人曾送他土地、木材、猪、牛、羊，还有钱，协助他完成教育工作。

琼斯的话使人潸然泪下，在谈话的过程中他丝毫不为自己求情，只为自己的使命请求时，暴民们开始软化了，最后几个老人说，他们相信他说的都是真的，他是在做善事。他们应该帮助他，而不应处死他。并且老人们在人群中为他募捐了 52 美元，以献给他的教育工作。

事后曾有人问琼斯，他是不是非常怨恨那些准备绞死他的人。他的回答是，他当时忙着诉说比自己更重大的事，他完全忘记了所谓的憎恨。

琼斯兴办的学校，现在已经成为一所全美著名的学校了。

原谅折磨你的人

从赫德的《林肯传》中可以看出，林肯从不依自己的好恶去判断人。他总是认为他的敌人也像任何人一样能干。如果有人得罪他或对他不逊，但若是最合适的人，林肯还是会请他担任职位，就像对朋友一样，毫不犹豫。

林肯曾给侮辱过他的人委任相当高的职位。像麦克隆、施瓦特、史丹顿以及莱斯。按赫德的说法，林肯相信有人应因其作为而受到赞扬或责难，因为我们每个人都受到教育的条件及环境所影响，所形成的习惯和特征造就了自己的目前及未来。

林肯也许是对的。如果每个人都像自己的敌人一样承袭了同样的生理、心理及情绪的特征，如果每个人的人生也完全一样，那可能会做出跟敌人完全一样的事。因此，与其恨自己的敌人，还不如怜悯他们，与其诅咒报复敌人，还不如给他们谅解、同情、援助、宽容以及为他们祈祷。

第四节　不要期待别人的感恩

忘记感谢乃是人的天性，如果我们一直期待别人的感恩，多半是自寻烦恼。

帮别人，就不要期待回馈

我最近碰到一个义愤填膺的人，有人警告我碰到他 15 分钟内就一定会谈起那件事。他果然如此。令他气愤的事发生在 11 个月前，可是现在他还是一提起就生气。他简直不能谈别的事。他为 34 位员工发出了 1 万美元圣诞节奖金——每人差不多 300 美元——结果没有一个人谢谢他。他抱怨说："我很遗憾，我居然发给他们奖金。"

东方有一位圣人说："一个愤怒的人，浑身都是毒。"我衷心同情面前这位浑身是毒的人。他有 60 岁了。保险公司统计我们的平均寿命是目前年龄与 80 岁之间差数的 2 / 3。本来他可以多活十四五年的时间。结果他浪费了有限余年中的将近一整年，为过去的事愤恨不平，实在令人同情。

在愤恨与自怜的同时，他应该好好地想想人家不感谢他的原因是什么，是不是因为待遇太低，或是员工认为圣诞节奖金是他们应得的部分。也许他自己是个挑剔又不知感谢的人，以致别人不敢也不想去感谢他。或许大家觉得反正大部分利润都要缴税，不如当成奖金。

不过反过来说，也可能员工真的是自私、卑鄙、没有礼貌。也许是这样，也许是那样。我也不会比你更了解整个状况，我倒是知道英国约翰生博士说过："感恩是极有教养的产物，你不可能从一般人身上得到。"我的重点是：他指望别人感恩乃是一项一般性的错误，他实在不解人性。

如果你救了一个人的性命，你会期望他感恩吗？你或许会，勃维治在他当法官前曾是有名的刑事律师，曾拯救过 78 个罪犯免上电椅。至今也没有人登门道谢，甚至也没有人给他寄圣诞贺卡。

耶稣在一个下午使 10 个瘫子起立行走——但是有几个人回来感谢他呢？只有一位。耶稣环顾门徒问道："其他 9 位呢？"他们全跑了，谢也不谢就跑得无影无踪！让我来问问大家：像你我这样平凡的人给了人一点小恩惠，凭什么希望别人对你感恩戴德呢？

如果跟钱有关，那就更没指望啦！查理·舒瓦伯告诉我，他曾帮助过一位银行出纳，这个银行出纳挪用银行基金去做股票而造成亏损，舒瓦伯帮他补足金额以免吃上官司，这位出纳员是否感谢他呢？是感谢他，但是这种感谢持续的时间并不长久，后来他就开始跟这位曾经帮助他脱离牢狱之灾的人作对。

你如果送你亲戚 100 万美元，他应该会感谢你吧？安德鲁·卡内基就资助过他的亲戚，不过如果安德鲁·卡内基重新活过来，一定会很震惊地发现这位亲戚正在诅咒他呢！为什么？因为卡内基遗留了 3 亿多美元的慈善基金——但他只继承了 100 万美元。

指望别人感恩，多半是自寻烦恼

世间上的事情就是这样，你根本不要指望能够改变些什么，既然如此为何不干脆地接受呢?

罗马有一位最有智慧的帝王莫库兹·阿力留斯，他有一天在日记中写道：

“我今天会碰到多言的人、自私的人、以自我为中心的人、忘恩负义的人。我从未对此感到惊讶或困扰，因为我还想象不出一个没有这些人存在的世界，会是一个什么样的世界。”难道他说的没有道理吗？我们天天抱怨别人不会知恩图报，到底该怪谁？这是人性——还是我们忽略了人性？所以，不要再指望别人感恩了。如果我们偶尔得到别人的感激，就会是一件惊喜。如果没有，那也不必为此而感到难过。

忘记感谢乃是人的天性，如果我们一直期望别人感恩，那么就是自寻烦恼。

我认识一位住在纽约的妇女，整天抱怨自己孤独。没有一个亲戚愿意接近她，而如果有人看望她，她会花几个钟头喋喋不休地告诉你，她侄儿小的时候，她是怎么照顾他们的。他们得了麻疹、腮腺炎、百日咳，都是她照看的，他们跟她住了许多年，还资助一位侄子读完商业学校，直到他结婚前，他们都住在她家。这些侄子回来看望她吗？或许有时候会有但是全都是义务性的。他们都怕回去看她，因为谁也不愿意坐几个小时听那些老调、无休无止的埋怨与自怜。后来，她发现威逼利诱也没法叫她的侄子们回来看她后，她就使出最后一个绝招——心脏病发作。

这心脏病是装出来的吗？当然不是，医生也说她的心脏相当神经质，常常心悸。可是医生也束手无策，因为她的问题是坏情绪所致。

这位妇女所要的不过是别人的感恩，可惜的是可能永远也不会如她所愿。

当有真爱，就无需感恩

为人父母者一向怨恨子女不知感恩。即使莎剧主人公李尔王也不禁喊道："不知感恩的子女比毒蛇的利齿更痛噬人心。"

但话说回来，如果我们不教育他们有怎会知道感恩呢？没有人天生就会懂得感恩。忘记感恩原始天性，它像随地生长的杂草。感恩则有如玫瑰，需要细心栽培及爱心的滋润。

如果子女们不知感恩，应该怪谁？也许该怪的就是我们自己。如果我们从来不教导他们向别人表示感谢，怎么能期望他们来谢我们？

我认识一位住在芝加哥的朋友。他在一家纸盒工厂工作得很辛苦，周薪不过 40 美元。他娶了一位寡妇，她说服他向别人借钱供应她前夫的儿子上大学。他的周薪得用来支付食物、房租、燃料、衣服及缴付欠款。他像苦力一样苦干了 4 年，而且从不埋怨。

有人感谢他吗？没有，他太太认为是理所当然的，那两个儿子当然也是一样。他们一点也不觉得对这位继父有任何亏欠，即使只是道谢一声。

怪谁呢？这两个儿子吗？也许！可是这位母亲不是更不该吗？她认为这两个年轻的生命不应该有这种义务的负担，她不要她的儿子“由负债”开始他们的人生。因此她从没想到要说：“你们的继父资助你们念大学，多好的人啊！”相反的，她的态度却是：“噢！那是他起码该做到的。”

她自认为没有给他们增加任何困难，可是实际上，她让他们产生了一种危险的想法，认为这个世界有义务让他们活下去。

我们一定得记住，我们的行为正在潜移默化地影响着我们的孩子，举例来说，我姨母从来不抱怨儿女不知感恩。我小的时候，姨母把她母亲接去照料，同时也照料她的婆婆。我现在仍记得两位老人家坐在壁炉前的情景。她们有没有麻烦我姨母？我想一定很不少，不过你从她的态度上一点也看不出来。她真的爱她们，对她们嘘寒问暖，让她们感觉到家的温暖。而她自己还有6个子女，但她从不觉得自己做了什么伟大的事。对她来说，这一切只不过是再自然不过的事，是正确的事，也是她愿意做的事。

我这位姨母已经孀居20几年了，她的5位成年子女都欢迎她，希望她到他们家去一起住。她的子女们对她钟爱极了，从不觉得厌烦。是出于“感恩”吗？当然不是啦！这是真正的爱！这几位子女由孩童时代就生活在慈善的气氛中。现在需要照顾的是他们的妈妈，他们回报同样的爱，不是再自然不过了吗？

我们不要忘了，要想自己的子女懂得感恩，那么我们自己必须做出表率。我们的所言所行都益发重要。在孩子面前，千万不要诋毁别人的善意，也千万别说：“看看表妹送的圣诞礼物，都是她自己做的，连一毛钱也舍不得花！”这种反应对我们可能是件小事，但是孩子们却听进去了。因此，我们最好这么说：“表妹准备这份圣诞礼物，一定花了她不少时间！她真好！我们得写信谢谢她。”这样，子女在无意中也养成赞赏感激的习惯了。

爱不是一朝一夕之功，它需要持续不断地投入。有时，这看起来完全是毫无希望的。但越是这时候，越需要坚持。有了坚持就有了希望，有了希望也就有了成功。

第五节　不模仿他人，做真正的自己

如果没有独立的思维方法、生活能力和自己的主见，那么所谓的生活、事业就无从谈起。众人观点各异，欲听也无所适从。只有把别人的话当做参考，走自己的路，才会走向成功。

保持本色

“保持本色的问题，像历史一样的古老，”詹姆斯·高登·季尔基博士说，“也像人生一样普遍。”不愿意保持本色是很多精神和心理问题的潜在原因。安吉罗·帕屈在幼儿教育方面曾写过 13 本书和数以千计的文章，他说：“没有人比那些想做其他人，和除他自己以外其他东西的人，更痛苦的了。”这种希望能做跟自己不一样的人的想法，在好莱坞尤其流行。

山姆·伍德是好莱坞最知名的导演之一。他说在他启发一些年轻的演员时，所碰到的最头痛的问题就是：如何使他们做回自己。他们都想做二流的拉娜透纳，或者是三流的克拉克·盖博。“这一套观众已经受够了，”山姆·伍德说，“最安全的做法是：尽快丢开那些装腔作势的人。”

最近我请教素凡石油公司的人事室主任保罗·包延登：来求职的人常犯的最大错误是什么？因为他曾经和6万多个求职的人面谈过，还写过一本名为《谋职的6种方法》的书，因此他应该比谁都清楚，他回答说：“来求职的人所犯的最大错误就是没有保持本色。他们不以真诚待人，他们以为给你想要的答案，其实却恰恰相反。”这样做是毫无作用的，因为没有人要伪君子，也从来没有人愿意收假钞票。

我知道有一个电车车长的女儿，名叫凯丝·达莉，她非常辛苦地学会这一点。她想要成为一位歌唱家，可是她的脸长得并不好看，她的嘴很大，牙齿很暴露，每一次公开演唱的时候——在新泽西州的一家夜总会里——她一直想把上嘴唇拉下来盖住她的牙齿。她想要表演得“很美”，结果呢？她使自己大出洋相，以失败而告终。

可是，有人却不以为然认为她很有天分。“我跟你说，”他很直率地说，“我一直在看你的表演，我知道你想掩藏的是什么，你觉得你的牙长得很难看。”顿时这个女孩非常的尴尬，可是那个男的继续说道：“这是怎么回事？难道说长了不好看的牙就罪大恶极吗？不要想去遮掩，张开你的嘴，观众看到你不在乎的话，他们就会喜欢你。再说，”他很犀利地说，“那些你想遮起来的牙齿，说不定还会带给你好运呢！”

凯丝·达莉接受了他的忠告，没有再去注意牙齿。从那以后她只想到她的观众，她张大了嘴巴，热情而高兴地唱着，很快她就成为电影界和广播界的一流红星。其他的喜剧演员现在都还希望能学她的样子呢。

每个人都有自己的潜能

威廉·詹姆士曾说过，一般人的心智能力使用率不超过百分之十，很多人都不了解自己还有些什么优点。他写道："如果以我们应该做到的为标准，我们其实还有一半以上是沉睡未醒的。我们只应用到一部分身心的能力。可以说人只活在自己所设的限制中，我们常常拥有各种宝贵的资源，但是从来没有好好地合理地利用它们。"

既然你我都有这么多未开发的潜能，又何必去担心不能够像其他人那样优秀呢？你在这世上是独一无二的。没有人会和你长的一样，现在没有以后同样也不会有。遗传学告诉我们，你是由父亲母亲各自的 24 条染色体组合而成，这 48 条染色体决定了你的遗传，每一条染色体中有数百个基因，任何单一基因都足以改变一个人的一生。事实上，我们人的形成真的很神奇。

即使你父母相遇相爱孕育了你，也只有三百亿分之一的机会有一个跟你完全一模一样的人。也就是说，即使你有三百亿个手足，他们也都跟你不同。这只是猜测吗？当然不是，这完全是科学的事实。

我对此就有过深切的体会，而且是个痛苦昂贵的经历。当我由密苏里州的玉米田到纽约来时，我报名美国戏剧学院。我向往成为一位演员。我当时有个自作聪明的主意，通往成功的捷径，这么简单易行的道理，真搞不懂别人怎么会想不到。这个主意是，好好研究当时的几位名演员，把他们的优点都集合起来再变成我自己的。多蠢啊！害我花了好几年时间模仿别人后才发现我学不了任何人，只有做我自己。那样的惨痛经验总该让我一辈子不模仿别人了吧！我实在太愚蠢了，我得再经历另外一次痛苦。几年后，我写一本有关公众演说的书，我又有了同样愚蠢的想法，就是借用其他书的一些主意，集合成一本书，一本包罗万象的书。于是我弄来一批有关公众演说的书，花一年的时间吸收他们的想法，变成我的文章。最后，我再次发现自己又当了一次傻瓜。把别人的想法变成自己的文章，只会把文章弄得枯燥乏味，不会有人想读的。于是我把这一年的工作成绩全丢进废纸篓里，重头再来做，这一次，我对自己说："你只有当戴尔·卡耐基，以他的错误及度限来努力吧！你不可能成为任何别的人。"于是，我放弃组合他人想法的念头，开始全凭自己的本事，以自身的经验及观察写成了公众演说的课本。我希望这一次我永远学到了劳雷爵士所说的："我写不出莎士比亚风格的书，但是我可以写一本我的书。"

做你自己，这也是美国作曲家欧文·柏林给后期的作曲家乔治·盖希文的忠告。柏林与盖希文第一次会面时，柏林声誉卓著，盖希文却只是个默默无名的年轻作曲家，一个礼拜只赚35美元。柏林很欣赏盖希文的才华，以盖希文所能赚的三倍薪水，请他来做音乐秘书。可是柏林也劝告盖希文："不要接受这份工作，如果你接受了，最多成为欧文·柏林第二。只要你能够坚持下去我相信总有一天你会成为第一流的盖希文。"盖希文接受了忠告，并渐渐成为当时美国最优秀作曲家之一。

你在这世上是独一无二的

卓别林、威尔·罗吉斯、玛丽·玛格丽特·麦克布蕾、金·奥特雷，以及其他好几百万的人，都学过我在这一节里让各位明白的这个道理，他们也学得很辛苦，就像我一样。

卓别林开始拍片时，导演要他模仿当时的著名影星，结果适得其反，直到他开始做他自己才渐渐成功。鲍伯·霍伯也有类似的经验，他前面有许多年都在唱歌跳舞，直到他发挥自己插科打诨的才能后才真正走红。

玛丽·马克希莱德第一次上电台，她试着模仿一位爱尔兰影星，但是没有成功，直到她做回了真正的自己——一位从密苏里州来的乡村姑娘——才成为纽约市最红的广播明星。

金·奥崔一直想去掉自己的德州口音，打扮得也像个城市人，他还对外宣称自己是纽约人，结果只会成为别人口中的笑柄，后来他开始重拾三弦琴，演唱乡村歌曲，奠定了他在影片及广播中最受欢迎的牛仔事业地位。

你应该庆幸自己是世上独一无二的，你应该充分把自己的优势发挥出来，经验环境和遗传决定你成为一个什么样的人。

无论好坏，你都得勤奋地耕耘在属于你的那片土地，无论成败，你都得优雅地弹起属于你生命的乐章。

就像爱默生在他那篇《论自信》的散文里所说的：“在每一个人的教育过程之中，他一定会在某一时期发现，羡慕就是无知，模仿就是自杀。不论好坏你必须真实地做回自己。虽然广袤无垠的宇宙充满了诱惑，除非勤恳地耕作在属于自己的土地上，否则绝得不到好的收成。他所有的能力是自然界的一种新能力，除了他之外，没有人知道他能做些什么，他想知道些什么都必须要通过他的努力自己去争取。”而另一位诗人马洛许是这么说的：

如果你不能成为山巅的挺松，
就做一棵谷中的灌木吧！
但要做一棵溪边最好的灌木；
如果不能成为大树，
就做一丛灌木吧！
如果你不能成为一丛灌木，
何妨就做一棵小草，给道路带来一点生机！
如果你做不了麋鹿，就做一条小鱼也不错！
并且是湖中最活泼的一条！
我们不能都做船长，总得有人当船员，
不过每人还是各司其职，
不管是大事还是小事，
我们总得完成分内的工作，
做不了大路，何不做条小径；
不能成为太阳，做一颗星星又有何妨？

成败不在于大小，只在于你是否已竭尽所能。无论你做什么都要做最好的第一名。

第六节　设法从损失中获益

快乐源于一种感受，一次战胜困难的经历，一次超越自我的胜利，一次把柠檬变成柠檬汁的经历。

我曾经拜访过芝加哥大学休钦校长，请教他快乐的秘诀是什么。他说："西尔斯百货公司总裁罗森华曾建议我说，如果你手中只有一个酸柠檬，那做杯可口的柠檬汁吧！这是我一直遵循的法则。"

这正是那位芝加哥大学校长所采取的办法，但一般人却刚好反其道而行之。如果发现命运送给自己的是一个柠檬，他会立刻放弃，并说："完蛋了！一点机会都没有，我的运气怎么这么差。"于是他与世界作对，并自暴自弃甚至把自己放入一个自我可怜的境地。

如果得到柠檬的是个聪明人，他会说："我可以从这次不幸中学到什么？怎么样才能改善我目前的处境？怎样把这个柠檬做成柠檬汁呢？"

人人都可以化逆为顺

伟大的心理学家德瑞尔穷其一生都在研究人类及其潜能。他宣称：人类最不可思议的东西就是有一种化逆为顺的特性。以下的故事正好符合了德瑞尔的这句话：

有一男孩，他的家里非常贫穷。父亲去世的时候，家里连丧葬费都拿不出来，还是父亲生前的朋友们帮忙才得以把父亲下葬。男孩的母亲在一家工厂里做工，每天要工作 10 个小时。有时候还要带一些工作到家里做，每天都非常的辛苦，这个男孩开始就成长于这样的环境下。一次偶然的机会，他参加了当地一家教堂举行的业余戏剧表演活动，他觉得十分有趣。演出完后，他决定去学习演讲。后来，他凭着卓越的演说才能进入了政界。在他 30 岁那年，他被选为纽约州议会的议员。然而，他对承担这项责任毫无准备。事实上，他根本不知道一位州议员每天都应该干些什么。为了对一项法案的表决投票，他得事先研究那些冗长复杂的法案，这对于他而言比登天还要难。

他被选为州森林委员会的委员，这使他坐立不安，因为他对其根本不了解。他又被选为州经济委员会成员，这更让他不知所措，他在银行连账户都没有。这一项又一项加在他身上的责任让他坐卧不安，如果不是他不敢向他母亲承认自己的失败的话，他早就辞职不干了。

无可奈何之下，他下定决心每天要学习 16 个小时，把柠檬做成柠檬汁。在不断的努力下，他成为了全国有名的政治家，《纽约时报》称他为“纽约最受欢迎的人”。

相信大家都知道这个人是谁了吧，他就是爱尔·史密斯。在史密斯开始自学后的 10 年中，他 4 次连任纽约州长，这在当时应该说是独一无二的。后来，他还被提名为民主党总统候选人。他还获得了包括哈佛大学在内的 6 所著名大学授予的名誉学位，而他曾经是一个连小学都没有毕业的人。

绝境中也能找到可能

在 20 世纪，哈米·爱默生·弗斯狄克指出，真正的快乐大部分来自斗争，而且多半是斗争的胜利。的确，快乐来自于一种成就感，一次超越自我的胜利，一次把柠檬变成柠檬汁的经历。

在佛罗里达州居住着一位每天都充满快乐的农夫。他居然把一个毒柠檬变成了柠檬汁。当初，农夫买下那块地后才发现那儿既不能种农作物，也不能种水果，那儿惟一的价值就是养响尾蛇。但他从未抱怨过，他把响尾蛇的肉做成了罐头；他从蛇身上提取蛇毒，卖给药厂；把蛇皮卖给那些皮革加工厂，做成各种皮包和鞋子。

几年后，越来越多的人到这里来参观他的农场。他所在的那个村子现在已改名为响尾蛇村——为了纪念他把毒柠檬变成了柠檬汁。

伯利特在他的《十二种能战胜自然的人》一书中说道："聪明的人能从损失中收获一些东西，而傻子不会。"这就是二者的区别所在，伯利特是在自己刚失去一条腿后说的这句话。

还有一个没有双腿，而在逆境中奋起的人，他的名字叫本·班诺。

他的悲剧发生在 1925 年。在他 24 岁的那年，有一次，他去山上砍胡桃木。在开车回家的路上，一个急转弯的路口，一根胡桃木掉了下来卡住了车轴。他被摔了出去，撞到了路边的一棵树上，脊椎受了伤，班诺从此瘫痪了，从那以后，再也没有像正常人那样走一步路。

一个正值青春年华的年轻人，是怎样从命运的无情安排中，勇敢地生活下来的呢？那时，班诺心中充满了怨恨，怨恨所有的一切，怨恨老天的不公。他每天都活在怨恨当中。但是时间改变了他，随着年龄的增大，他发现怨恨只会毁了自己，让自己的亲人朋友都躲着自己。他告诉自己，别人都和善礼貌地对自己，他也应礼貌和善地对待别人。久而久之，他对那次事件的看法有什么改变吗？他还认为那次意外很不幸吗？事情发生了变化，当班诺克服了事件带给他的痛苦和悔恨之后，他慢慢地试着接受新的生活。他开始静下心来阅读那些人类历史上最著名的文学作品。迄今为止，他看了差不多1500本。书籍彻底改变了他的生活，让他的生活变得丰富多彩从而也开拓了他的眼界。他渐渐喜欢上了交响乐，以前他一听到它就哈欠连天。这件事带给班诺最大的转变就是让他开始静下心来思考一些问题，让他能够比较透彻地看问题，知道了什么事情是有价值的东西。

看书和思考使他对政治产生了浓厚的兴趣。他坐在轮椅上去发表演讲，发表他对公共问题的观点，人们逐渐认识了他。现在他已经是佐治亚州的州务卿了。

哲学家尼采认为，优秀杰出的人，“不仅能忍常人所不能忍，并且热爱这种挑战”。

缺陷激发出最好的自己

越研究那些有成就的人，我越深信他们能够拥有成功都是因为缺陷激发了他们的潜能。

威廉·詹姆斯曾说：“我们最大的弱点，给了我们不可预期的动力。”是的，弥尔顿如果不是盲人，怎能写下如此精妙绝伦的诗篇。贝多芬如果不是因为耳聋从而激发了他的潜能，又怎能完成这么动人的音乐作品。海伦·凯勒的创作事业完全是受到耳聋目盲的激发才会如此的成功。如果柴可夫斯基的婚姻不是这么悲惨，逼得他几乎要自杀，他大概也作不出不朽的《悲惨交响曲》。

上帝为你关上一扇门就必定会为你开启一扇窗。

托尔斯泰和杜斯妥也夫斯基都是因为自身命运悲惨，才能写出流传千古的动人小说。一位改变人类科学观点的科学家说："如果我不是这么无能，我就不可能完成所有这些我辛勤努力完成的工作。"这是达尔文的自白，他坦承自己受到弱点的激励。达尔文在英国诞生的同一天，美国肯塔基州的小木屋里也诞生了一位婴儿，他后来也受到自己缺陷的激发，他就是亚伯拉罕·林肯。如果他生长在富有的家庭，得到哈佛大学的法学学位，又有圆满的婚姻，他可能永远不能在盖茨堡讲出那么深刻动人、不朽的名篇，更别提连任就职时的演说——他可算得上是一位具有统治者最高尚情操的人，他说："对人无恶意，常怀慈悲于世人……"

佛斯狄克在其著作中提到："有一则北欧寓言中说，冰冷的北极风造就了维京人。我们什么时候相信人们会因为舒适生活和没有任何困难而觉得快乐？正相反，自怜的人即使舒舒服服地靠在沙发上，也不会停止自怜；反而深陷绝境的人常常能够领悟到其中的快乐，他们对于自己应该承担的责任从未逃避而是以积极的态度去面对。我要再强调一遍：坚毅的维京人是冰冷的北极风造就的！"

如此说的第一个理由是：我们可能成功。第二个理由：即使没有成功，这种力量也会激励着我们不断向前，而不是只会悔恨，它会驱除消极的思想，代之以积极的看法。它激发我们的创造力，促使我们忙碌，使我们没有时间和心情，为过去的事情忧虑。

世界著名的小提琴家欧·布尔在巴黎一次音乐会上，小提琴的 A 弦忽然断了，他面不改色地用剩余的三条弦奏完全曲。

佛斯狄克说："这就是人生，断了一条弦，就用剩余的弦继续演奏。"

这种镇定自若的态度已超越人生，是生命的赞歌！如果我做得到，我要把威廉·波利多的这段话悬挂在每一所学校里：“人生最重要的不仅仅是运用你的优势，因为任何人都会这样做，真正重大的课题是如何从你的损失中获益，这需要真正的智慧，才显示出一个人的上智下愚。”

第七节　焕发热忱的能量

热忱是发自内心的，既不是装模做样也不是纯粹的演戏，它来自你对于工作浓厚的兴趣和发自你心底的热情。热忱，是指一种热情的精神物质，发自于内心，又深入内心……是一种“抑制的兴奋”。那么我们如何让自己找到这种感觉，满怀热忱呢？要想表现出对工作具有足够的热忱，愉悦地告诉别人你所从事的工作，让他们知道是工作令你感到身心愉悦。

热忱源自内心的热爱

以前的我对林肯非常景仰，因为他是民族的英雄。除此之外，对他的事知道的寥寥无几，而且我也不想知道太多关于他的事。

我之所以要了解他，是因为我要写《人性的光辉》。《人性的光辉》

是一本关于林肯生平的传记书，在写书的过程中，我已经变得非常热忱地崇拜林肯，平时非常注意收集有关林肯的资料，哪怕是秘史传闻。在我没有写这本书之前，我自己都想不到颁布《解放黑人奴隶的宣言》，领导美国人民打败南方奴隶主的叛乱，彻底埋葬美国奴隶制的人，竟是一个曾笨手笨脚不名一文的牛车把式——亚伯拉罕·林肯。

华盛顿也是和林肯一样伟大的英雄人物，但华盛顿在我心中崇拜的热忱远远比不上林肯。因为我对华盛顿的事迹了解得并不多。因此，对于任何事情，只有在详尽深入了解之后才会产生热忱。

佛里德利·威尔森是纽约国家铁路公司的董事长，在一次电视采访中被问到怎样才能高效工作使事业成功时，他回答道："一个人的经验愈多，对事业就愈认真，这个使人成功的秘诀往往容易被人忽略。成功者和失败者的聪明才智，相差并不大，如果两者的实力相当的话，对工作充满热忱的人，一定较容易成功。一个具备坚强实力而且富有热忱，和一个虽具实力但缺乏热忱的人相比，前者成功的几率较后者大得多。"

对工作的热忱，是一切渴望成功的人必须具备的内在素质，它是战无不胜的精神武器，是一个人内心渴求的始终源泉，更是推动人向前努力迈进的动力。

一个热忱的人，无论是在什么岗位工作，都会对工作充满无比的热情，认为自己的工作是最崇高的职业，始终对它怀着浓厚的兴趣。无论遇到多大的工作难题，或是质量要求多么高，他始终会一丝不苟地去完成。

对工作热忱的人具有无限的力量。在他们的心中永远没有失败的字样。因为他们总是无时无刻地在付出自己的努力，坚信一分耕耘一分收获，哪怕是遇到大的挫折，也只把它看成是平坦大道的一段小小的路障。因此，教师热爱教书，画家热爱画画，歌手热爱歌唱，诗人热爱写诗，就是热忱的魔力了。

热忱让法兰克·彼德成功

1970 年，著名的人寿保险推销员法兰克·彼德转入职业棒球界，成为一名职业棒球的新手，可不幸的是几个月后他就被开除了。

原因很简单，彼德在投掷的时候总是显得龙钟老态、懒洋洋的，像是一个四五十岁的人。于是，球队的经理找到他，干净利落地对他说："你不像是个年轻的棒球选手，我们的球队不需要增加一个混饭吃的'老头子'。法兰克，给你一些建议，离开球队后，不管你以后干什么，但如果你还是像现在这样提不起精神的话，那么你将会一事无成。"

失望、愤怒，沮丧包围着他。彼德灰溜溜地离开了他的球队，去了亚特兰斯队，月薪由原来的 175 美元减为 25 美元。没有金钱的刺激，他还是提不起精神，没有热忱。几天后，通过队友的介绍，他去了新凡。这一次他决定要改变自己，他要成为整个新英格兰最棒的球员。新凡不会有人知道他过去那不光彩的经历，他就可以一切从头开始，重新塑造自我形象。

他一上场，就像浑身充满了劲，他那强力高速的投球，使对方的接球队员的手套都被击破，手掌也麻木了，真正热忱的行动开始了。有一次，彼德以一种一往无前的必胜气势冲入三垒，三垒手惊呆了，毫无反应，眼睁睁地把手给漏了，他的盗垒大获成功。而比赛当天温度高达 41℃，他却在球场上来回飞奔，旁若无人。

正是靠着这种热忱，专注于比赛的他心中没有任何恐惧，惟一的信念就是要击败对手。因此，他的水平发挥得淋漓尽致，技术运用极为合理。

同时他的热忱带动了其他的所有队员，大家身上似乎有使不完的劲，在气势上完全压倒了对手。更在整体实力上仿佛高出了一大截，而事实上，对方的水平比他们更高。

他确信，他这一生中从来没有如此的快活过。

第二天，各大报纸都给了他高度的评价，报上说："那位新加盟的彼德，无异像给球队注射了一剂兴奋剂。他自己不但有很高的水平而且使整个团队也变得虎虎有生气。他们这场比赛是本赛季迄今为止最精彩的一场比赛。"

更使彼德高兴的是，自己的月薪也由 25 美元提高到 185 美元，整整高出了 7 倍。而且从此确定了他在队中的绝对主力地位。两年后，他的薪水达到 750 美元。这在当时，可算得上是一个天文数字，这就是热忱的力量。

遗憾的是，因为手臂受伤，彼德不得不离开心爱的球场。不甘寂寞的他，又加入人寿保险公司当保险推销员。但事情好像并不怎么顺利，在整整一年中，他都没取得什么成绩。为此他也曾徨彷、苦闷，甚至想到了自杀，但最终他的热忱又充分地显示出来了。

他不知疲倦地推销，每天走访许多户人家，在敲门之前，他总是一遍一遍热忱地对自己说："你一定能说服他的。"

现在，彼德已经是人寿保险界的天皇巨星了，整天都忙于应付各种各样的活动。有人向他约稿，有人请他演讲，有人请他出自传，甚至有制片人愿意把他的离奇故事拍成电影。他深有体会地说："我从事推销，已经 30 年了。我见到许多人，由于对工作带着热诚的态度，全力以赴地投入其中，使他们的收入成倍成倍地增加；同时，我也见到过另一些人，因为缺乏热忱而无所作为，只能在社会的最底层挣扎。我深信惟有热诚的态度，积极的个性，乐观的精神，豁达的人格，才是成功推销的关键。"

热忱的威力

如果你内心充满热忱，你就会情绪激昂，你的心中就会燃起希望的火焰。你的热忱就会从你的全身各处蔓延开来，甚至是你的灵魂、整个躯体、辐射出来，振奋人心，鼓舞他人。在纽约的基督教青年会，那是我第一次授课，那个班人数很少，不超过10个人，其中有一位学员是国际收款机构公司的业务员，他有一次的发言甚是精彩。他说他是在城市里出生的，并且一直没有离开过城市，但是去年秋天，他却在乡间买了一幢房子。房子刚建好，因此还没有花园草坪。于是他决定自己在园子里种满牧草。

冬天的时候，他在壁炉里烧山核桃木，并把灰烬撒在地上，希望这样能使土壤变得肥沃一些。可是他对我说的是："你知道吗？我一直以为种牧草必须先撒下种子，但其实你用不着这样麻烦。你只要在秋末时撒些山核桃木灰在地上，第二年春天，自然会长出牧草来的。"

"哪有这种事！"我说，"要真是这样的话，你的发现要令多少科学家跌破眼镜呢！因为你是把无生命的物质变成了新的生命。这是毫无道理的。也许牧草种子被风吹到你的园子里，而你根本就不知道，或是那里原来就有过牧草。反正，有一件事是铁定的，那就是：光靠山核桃木灰，是绝对长不出牧草来的。"

和他谈话的时候，我的口气是平静而轻松的，因为我知道要照顾到他的感受害怕影响到他热情。事实上，这位学员兴奋得很，根本不在意我所说的，他一面蹦蹦跳跳的像个小孩子，一面宣称："卡耐基先生，我百分之百确定我自己在说什么。不管怎么样，我做到了。"

于是他滔滔不绝，充满热忱，一边做手势，一边情绪激昂地继续说下去。最后他终于说完了。我问全班同学："有多少人相信他真的做到了他所说的？"

全班竟然都举起来手，这使我非常惊讶。我问他们为什么相信，他们大家异口同声地说："因为他太有把握了，他那么激动，那么兴奋，怎么可能不是真的呢？"

显然，热忱能让一些精明的人完全不顾科学的自然法则，按此类推，如果是讲得有道理的话，那么威力不是更惊人了吗？

第八节 为他人创造喜悦

能够为别人做一些力所能及的事情不是一种责任而是一种快乐，正所谓"送人玫瑰手留余香"。多为别人着想，不仅能增加你自己的健康和快乐而且还能使你不再为自己忧虑，也能帮助你结交很多的朋友。

为他人带来笑声，那么你才能真正的快乐

20 世纪美国最杰出的无神论者西多·德莱特，他把所有的宗教都看成是神话。人生只是一个傻瓜自导自演出的一部戏剧，没有任何意

义，但是他却遵循着他眼中的“傻瓜”——耶稣所讲的一个道理：帮助他人。德莱特说：“如果每个人想在漫长的人生中享受快乐，就不会只想到自己不去顾及他人，因为快乐来自于你为别人，别人为你。”

西雅图一家报社的记者斯尔特·郭斯高度评价了一个多年未下床一步的人，他说：最无私的人，西雅图的卢勃博士。

一位常年卧床的人是怎样化解自己的烦恼，成了一个最无私的人的呢？答案就是，他一直遵循着“为他人服务”，并努力去实践它。

他收集了全国各地瘫痪病人的通讯地址，给他们发出了一封封充满鼓励、洋溢着关心的信件，激励他们勇敢地与病魔做斗争。他把这些病人联合起来，组成了一个瘫痪者联谊俱乐部，让大家相互写信鼓励。

他每年要在床上发出 1400 封信，给成千上万的病人带来了快乐和笑声。

卢勃博士与其他瘫痪在床的病人最大的不同之处在他能够在帮助过他的人身上深切地体会到真正的快乐。萧伯纳说过：“一个以自我为中心的人，一天到晚都在抱怨别人不能使自己开心。”只有乐于助人，为他人带来笑声，才能真正快乐。

不如意的人生会有拐点

琳娜太太喜欢写小说，然而她自己的故事比任何一部小说都要精彩得多。

故事发生在“珍珠港事件”当天早晨。琳娜太太患心脏病已经一年多了，这一年多来，她每天都要在床上躺 22 个小时。在这一年中，她所走过的最长的一段路，就是在女佣的搀扶下从卧室走到花园里去晒太阳。

琳娜当时以为这一辈子就这样完了，如果不是那些日本人来炸珍珠港，她也不可能重新开始新的生活。

日本人偷袭珍珠港时，有一颗炸弹就扔在了她家花园里，炸弹的震波把琳娜太太从床上震得掉在了地上。军方的卡车到基地附近把战士们的妻儿接到学校中，他们打电话通知那些家中有多余房间的人，要求他们收容这些人。他们知道琳娜太太床边也有一个电话，于是请求她帮他们记录那些海军的妻儿都被送到了什么地方，然后红十字会让那些士兵打电话给她，问他们家人的情况。

很快琳娜太太知道了丈夫平安的消息，于是她尽量想法安慰那些不知道她们先生已阵亡的太太们，也安慰那些寡妇们——好多太太已知道失去了丈夫。刚开始的时候，她是躺在床上做这一切的，不知不觉中，她坐了起来。最后，她忙得忘记了自己，下床坐到了桌边。从那以后，她除了每天像正常人一样在床上睡 8 个小时以外，其余的时间她都是在地上度过的。如果不是那场战争，琳娜太太后半生都将会在床上度过。“珍珠港事件”是美国历史上的一大悲剧，但对于她个人来说，却是一件好事，它改变了她后半生的生活，使她发现隐藏在她身上的潜能。它使琳娜太太把注意力转移到其他人身上，去关心他人。这也给了她活下去的重要理由，她再也没有时间去想自己，或是为自己担忧。那些求助于心理医生的人们，如果都能像琳娜太太那样做，去关心别人，1 / 3 的人都能自己治愈自己。这是著名的心理学家卡尔·莱克说的，他曾经说过，在他的病人之中，大约有 1 / 3 的人在生理上都找不到任何病因。他们只是因生活空虚，找不到生活的意义所致。

换个方式说，他们一生只想搭个顺风车，而步行的队伍就从他们身边经过。于是他们带着自怜、无聊与无用的人生去找心理医师。赶不上一班渡轮，他们会站在码头上，责怪所有的人，除了他自己，他们要求全世界满足他们以自我为中心的欲求。

你现在可能会说："这些事也不怎么样，如果圣诞夜遇到孤儿，我也会关心他们，如果我碰到'珍珠港事件'，我也会很高兴做叶慈太太所做的事，可是我的状况跟人家不同，我的日子再平凡不过了。我一天得做 8 小时无聊的工作，从来没有任何有趣的事发生在我身上。我怎么会有兴趣去帮助别人呢？我又干嘛非要帮助别人？那对我有什么好处呢？"

这个问题还算合理，我来试着回答。尽管你的人生就像一杯白开水一样平淡，你也总不免要碰到一些需要帮助的人，你对他们如何？你只是视而不见，还是想多认识他们一点儿？例如邮差——他一年要跑几十里路，为人们送信，你可曾费心了解他住那儿？看看他妻女的照片？你关心过他是否疲倦或觉得无聊吗？

你对别人好的时候，你自己也会好起来

杂货店小弟、送报员、擦鞋童呢？他们也都是人啊！他们都有各自的梦想、烦恼、也有野心！他们也想与别人交流，问题是你有没有给他们机会？你可曾用冰冷的脸去对待他们？你用不着先变成南丁格尔或社会改革者再去帮助这个世界——这个你个人的世界，你大可以从明早遇到的第一个人开始改变。

那对你有什么好处？那当然是带来更多的快乐、更大的满足，以及更以自己为荣。亚里士多德把这种态度称之为“开化了的自私”。波斯宗教家左罗亚斯托说：“对别人好不是一种责任，它是一种享受，因为它能增进你的健康与快乐。”富兰克林说得更简单：“你对别人好的时候，也就是对你自己最好的时候。”

纽约心理服务中心主任林克曾说：“我认为，现代心理学最重要的一个发现就是，科学证明为完成自我实现与得到快乐，自我牺牲与纪律都是必要的。”

多为别人着想不仅可使自己免于烦恼，也可以结交更多朋友、得到更多乐趣。

威廉·贝恩太太在纽约市中心开了一所秘书培训学校，她竟然用这种方法治好了她的忧郁症，这简直使人难以置信。

五年前的圣诞节那天，贝恩太太沉陷在自怜与悲伤中。在她的丈夫离世之前她还享受着和丈夫快乐的婚姻生活，这一切都来的太突然。在圣诞节来临时，外面的欢声笑语使她更加悲伤。贝恩太太从小到现在还没有一个人单独过圣诞节。有很多朋友都来邀请她和他们一起过圣诞，她怕自己会触景伤情，破坏了节日的气氛，就都回绝了。时间越临近，贝恩太太的伤感情绪愈浓。圣诞节那天，她一个人在下午三点钟离开了办公室，漫无目的地在大街上闲逛，希望自己的心情能变得好一些。街上挤满了欢乐的人群，这让贝恩太太不自觉地想起那些快乐的往事。她心头十分茫然，实在不敢回到那空荡荡的，没有人气的家中。漫无目的走了一个多钟头，她发现自己走到了一个公共汽车站前，顺着人群，她上了车。不知过了多长时间，只听乘务员在耳边提醒她，该下车了。她都不知道到了哪儿，四周很安静。这时，附近一座教堂里传来了优美的乐声，她寻着乐声走了进去，静静地坐在教友席上。教堂里灯火辉煌，圣诞树装饰得美轮美奂，不知不觉中，贝恩太太就睡着了。

醒来时，贝恩太太一时忘了身在何方，开始有点害怕。这时，她看见面前有两个小孩，显然他们是来看圣诞树的。其中一个小孩还以为她是圣诞老人带来的。贝恩太太突然醒来，把他们两个也吓了一跳。她冲他们笑了笑，他们的衣服很破旧。贝恩太太问他们的父母在哪儿?他们说自己没有父母了。这两个小孤儿的情况比她糟糕多了，她不禁为自己的忧虑和悲伤感到惭愧。她带着两个小孤儿到附近的商店买了一些小礼物送给他们。这时候，她发现自己的悲痛伤感一下子都没有了。这两个小孤儿让她几个月来第一次忘掉了所遭受的所有不幸。她要感谢上帝，让她的童年充满了欢乐，她得到了父母无私的爱与关怀。这两个孤儿带给她的远比她带给他们的多。

这次的经历让她明白，要想让自己快乐，首先要给别人带去快乐。快乐是能够传染的，在付出的同时也收获。如果你也希望自己获得更多的快乐，就请忘却自己，每天做一件能为他人创造快乐的事。

第六章

不因别人的批评而烦恼

chapter 6

第一节　勇于承认错误，上帝会原谅你

如果你不断地去争夺，你可能永远也满足不了你的欲望，退一步海阔天空，到时候你将会发现你所得到的比你期望的还要多。当富兰克林·罗斯福入主白宫的时候，他向公众承认，如果他的决策能达到75% 的正确率，那就达到了他预期的最高标准了。像罗斯福这么一位20 世纪的杰出人物，他的最高希望尚且如此，可见我们在平时犯下了多少错误。

如果你错了，就大大方方地说出你的错误

如果你错了就要勇敢地先去承认自己的错误，别人才可能和你一样宽容大度，认为他自己也许有错。这就像拳头出击一样，伸出去的拳头要再打人，必须要先收回来方有可能。

我们来设想一下，如果你认定别人有错，你出于好心而直接告诉他，那结果是怎样呢？如果对方是一个脾气好的人，也许会坦然地接受，但是在他的心里可能就不会留下好的印象。而要是碰到脾气暴躁

的人，肯定马上会指着你的鼻子，暴跳如雷。你能得到的是什么呢？

哈尔德·伦克是道奇汽车在蒙他哥州比林斯的代理商，他说销售汽车这个行业压力很大，因此他在处理顾客的抱怨时常常冷酷无情，于是造成了冲突使生意减少，并产生了种种的不愉快。

当他意识到这样做没有丝毫益处时，他就尝试另一种办法。面对顾客的不满，他会说："我们确实犯了不少错误，真是不好意思。关于你的车子，可能我们有错，请你告诉我吧。"这个办法很能够使顾客解除武装，而等到他们气消之后，通常就会更讲道理，事情就容易解决了。很多顾客还因为听到这样谅解的态度而向他致谢。其中两位还介绍他们的朋友来哈尔德这里买新的车子。在竞争剧烈的商场上，对顾客所有的意见表示尊重，并且以灵活和礼貌的方式处理，这样就会好很多。

承认自己也许弄错了，就绝不会惹上不必要的困扰。这样做了，不但能避免所有的争执，而且对方见你如此有礼，就不可能跟你过不去，也会以礼相待，宽宏大度，承认他自己有可能错了。双方在一种和谐和互相谦让的气氛中解决问题，那么就很有可能达成协议。当然，承认自己有错让你有些难堪，心中总有些勉强，但这样做可以把事情变得更加顺利，成功的希望更大。

当然，这是假如从原则上说你是对的情况下，你该先尊重别人的意见；但如果你真的错了，你最好是迅速而真诚地承认，这比你去争辩有效得多，而且有趣得多。

坦白从宽

从我家朝纽约市中心的方向步行不到10分钟，就有一片树林，人们叫它“森林公园”。

我经常带着那条波士顿哈巴狗瑞克斯，去公园里散步，由于公园里很少看到人，所以我不替瑞克斯系上皮带或口笼。

一天，我和瑞克斯在公园里看到一个骑着马的警察，一个急于要显示他权威的警察。他大声责问我说：“那条狗不系上皮带，在公园里乱跑，难道你不知道那是违法的？”

我轻声地回答说：“是的，我明白，但是我想它是不会伤害别人的。”

那警察头颈挺得硬硬地说：“你想不会！那是你想的！法律不管你如何去想。你那条狗也许会伤害这里的松鼠，也许会咬伤来这里的儿童。这次我就放过你，如果下次再让我看到你那条狗不拴皮带，不戴口笼，你就得去跟法官讲话了。”

我点点头，答应遵守他所说的话。

我是真的遵守了那警察的话，但只遵守了几次。原因是瑞克斯不喜欢在嘴上套上一个口笼，我也不愿意替它戴上，所以我们决定碰碰运气。起初安然无事，但有一次，我终于碰了一个钉子。那次，我带瑞克斯跑到一座小山上，朝前面看去，一眼就看到那个骑马的警察。瑞克斯当然不会知道怎么回事，它在我前面，蹦蹦跳跳，直往警察那边冲去。

这下又撞到枪口上了，所以不等那警察开口，我干脆自己说了。

我说："警官，我愿意接受你的处罚，因为你上次讲过，在这公园里狗嘴上不戴口笼，那是触犯法律的。"

那警察用了柔和的口气，说："哦……我晓得在没有人的时候，带着一条狗来公园里走走，是蛮有意思的！"

我苦笑了一下，说："是的，蛮有意思。可是，我已经触犯了法律。"

那警察反替我辩护，说："像这样一头条哈巴狗，是不会对人造成伤害的。"

我却显得很认真地说："可是，它可能会伤害松鼠！"

那警察对我说："那是你把事情看得太严重了………我告诉你怎么办，你只要让那条小狗跑过山，别让我看到，这件事也就算了。"

现在回想起来这个警察其实也很有人情味。他需要得到的不过是一种尊重。当我自己承认错误时，他惟一能滋长自重感的方法，就是采取一种宽大的态度，显示出他的仁慈。那时，如果我跟那个警察争论、辩护，那所得的效果，跟现在就完全相反。

我不跟他辩论，我承认他是完全对的，而我是绝对错误的。我迅速、坦白地承认了我的错误，而他替我做了分辩。我们各得其所，这件事就圆满地结束了。

假如你已知道一定要受到责罚，那何不先责备自己，找出自己的缺点，那是不是比从别人嘴里说出的批评，要好受得多？在别人责备你之前，很快地找个机会承认自己的错误，对方想要说的话，你已替他说了，他就无话可说，那你就有 99% 的机会获得他的谅解。正像那骑马的警察，对我和瑞克斯一样。

任何一个愚蠢的人都会尽力为自己的错误辩解，但只有真诚地承认自己的错误，才能够给人一种尊贵、高尚的感觉。

第二节　让他人保住面子

他人保留面子，这是一个非常重要的问题。而这个问题往往容易被我们忽略。我们经常喜欢摆架子，挑剔别人，在众人面前批评指责别人，而不能设身处地为他人想一下。如果这样，就难以避免会伤害到别人。

“面子”最容易伤害别人

几年前，通用公司曾经碰到了一个棘手的问题，对于部门主管查理·史坦思梅兹，公司不知道该如何给他安排一个新的职位。在电器方面他毫无疑问是个天才，但是计算机主管这个职位对于他来说做得似乎有点吃力，公司领导不愿伤他自尊，毕竟他是一个不可多得的人才，而公司在很多方面都离不开他，况且他处事又十分敏感。于是，公司给他安排了一个新头衔“通用公司顾问工程师”，并另换他人来当部门主管。

史坦思梅兹很高兴接受了这一任命，通用公司当然也很高兴。因为他们终于在没有引起冲突的情况下顺利地解决了这个棘手的问题，而且还给他留足了面子，何乐而不为呢?

保留他人的面子，这非常重要，但是在人际交往中我们往往会忽视这一点。

我们蹂躏别人的感情，当着别人的面批评一个孩子或一个职工，毫不顾虑对别人自尊的伤害。然而，几分钟的思考，一两句体恤的话，给对方多一点的体谅，对于避免尴尬的场面，都有莫大的帮助!

马歇尔·科拉克是一位审定合格的会计师。他曾经对我说过：解聘别人或被人解聘，都不是件有趣的事。

他们的工作是季节性的，所以每年的三月，他们都要解聘一些员工。通常按例行的谈话会说："请坐，史密斯先生，旺季已经过去，我们没有工作可让你做了，你也知道我们只是在旺季工作忙的时候才雇佣你……"这样说话让人很不舒服，有种被一脚踢开的感觉，让人很失望，而且也有种损及尊严的感觉。而且这些人大都一辈子都从事会计这一职业，公司竟然如此对待他们，他们自然不会心存感激。

因此，除非不得已，马歇尔决不轻言解聘他人。如果实在没办法，他就会用温和的话，婉转地告诉对方说："史密斯先生，你的工作做得很好，很出色。上次我们要你去纽约瓦科出差，在遇到困难的情况下，你仍圆满地完成了任务。我希望你知道，公司以你为荣，也相信你的业务能力很好。无论走到哪里，我们都会支持你，希望你不要忘了这些。"这样的谈话至少可以让他们肯定自己的能力，也增强了他们的自信，至少不觉得丢了面子。他们知道：假如真的有工作的话，绝对是会留下他们的，而等到下一次用人再找到他们时，他们也很乐意回来。

的确，这种说法能够保全对方的面子，也维护了他们的自尊心，也有利于彼此之间进一步交往。

伤害别人的自尊就等于在犯罪

宾州的一个学员弗雷特·科拉克对我讲过一件他公司里的事：一次开生产会议的时候，副总裁提出了一个尖锐的问题，他气势汹汹地严厉质问一位生产监督，语言非常刻薄。为了不让同事出丑，生产监督对问题避而不答。这使总裁更为恼火，并指责那位生产监督是骗子。

从此以后，那位生产监督感到这件事已严重地伤害了他的自尊。于是他干几个月后离开了公司，后来找到了一份新的工作，而且干得很好。

我的另外一位学员安娜也遇到过类似的事情：

安娜小姐在一家食品公司当市场调查员。公司给她派的第一个任务就是做一份新产品的市场调查。她说，当结果出来的时候，她简直就要崩溃了。由于工作的一时失误，导致市场调查的结果都是错误的，她必须重新再来。而更要命的是在重做之前，她必须要向老板说明相应的情况。当老板要求她汇告时，安娜吓得浑身发抖，眼泪马上就要流下来了。她尽量使自己不要哭出来，免得又惹来大家的嘲笑，因为她毕竟是个女人。她简单地说明了一下情形，并表示重新改正过来，在下次会议前做好。说完她就等着老板的教训了。但出乎意料的是，老板肯定了她工作的勤奋，并强调在第一次任务中犯错误是在所难免的。他相信新的调查报告一定正确无误，会对公司有很大帮助。

安娜很诧异竟然在众人面前能够得到老板的肯定，真的是感慨万千，并且决心要好好干下去，绝对不会让老板失望。

很多时候，即使我们是对的，别人是错的，如果没有为别人保留面子，就会毁了一个人，事情也会越来越糟。法国作家托娜·德·圣索赫伊曾说："我无权去做任何一件伤害别人自尊的事。伤害别人的自尊就等于在犯罪。"

第三节　将批评置诸脑后

对于任何莫须有的指责，如果我们无动于衷那又能奈我何？到最后，结果证明你是正确的，那么所有的责难都不具有任何意义；反之，结果证明你是错误的，即使有天使替你作证说你是正确的，也没有任何意义。

不被批评所伤害

美国海军陆战队的施莫特力·巴特勒少将，年轻时成名心切，渴望给每个人留下良好的印象。那时他受不得别人的一点点批评。不过他承认 30 年的海军陆战队生活把他磨炼得坚强多了。他说曾有人批评他像狗、蛇或臭鼬，也被诅咒专家咒骂过，所有的英文词汇中最下流的字眼，他都被人骂过。现在若听到有人骂他，他都懒得回过头去看一眼。

巴特勒将军对批评太无动于衷了，但是大多数人却又把批评看得太严重了。

几年前，一位《纽约太阳报》的记者来参观我的成人培训班，然后写了一篇报导，对我的工作及个人多有攻击。我当时真的气愤极了，认为这简直就是对我个人的一种侮辱，于是我打电话给《纽约太阳报》执行委员会主席，请主席来为自己刊登一篇陈述事实的文章，让他们为自己的错误接受惩罚。

后来我对于自己当时的行为，感到很惭愧。现在我了解到当时可能有大半读者根本没有看到那篇文章，阅读到的另一半读者也都会抱着随意的心态去看它。

没有人真正关心别人的事，因为人们想到的只是自己。人们关切自己的头痛程度，只怕比关切别人的死讯还要大。

即使有人欺骗了你，出卖了你，在你的背后捅了一刀，甚至你最亲密的朋友也背叛了你，也不要为此而感到失望和困惑。相反，正好可以提醒自己，那正是发生在耶稣身上的事，他那最亲信的 12 位门徒中，有一位只是为了大约 19 美元的金钱，就背叛了他。另一位门徒竟三次当众宣称自己不认识耶稣，甚至还发了誓。12 位中就有 2 位背叛了他，比率是 1/6。既然连耶稣都不过如此，我们还凭什么要得到更好的际遇？

接受别人的批评

很长时间以来，人们就发现既然无法避免不公的批评，起码自己可以做一些更重要的事情：那就是决定自己是否要接受批评。

罗斯福总统的夫人，做少女时很害羞，总是害怕人们的闲言碎语和批评，于是就去请教罗斯福总统的姐姐。罗斯福总统夫人说自己想做一些事情，但又怕会受到别人的批评。姐姐看着她说：不要在意别人的看法，只要自己相信、肯定自己做的是对的就可以了。姐姐的这句话，成了她在白宫岁月中的支柱。

马休·布鲁斯是美国国际公司的总裁，他说他年轻时对别人的批评非常在意，当时他渴望全公司的人都认为他是完美的。如果他们不这样认为，他就会很烦恼。为了取悦第一个有反对意见的人，往往得罪了另外一个人。于是他就挨个安抚，结果意想不到的是一群人都对他有意见。最后他终于发现，为了避免别人对自己的批评，他试图安抚更多的人，但同时也得罪了更多的人。经过了这些事以后，他告诉自己：如果你身为领导，就注定了要被人批评，想办法去习惯它。这样会对自己很有好处。你只管尽力而为，然后撑起一把伞，让批评之雨顺伞滑落，而不让雨流入脖子里，让自己难过。

美国作家迪莫斯·泰勒就做得非常到位。他在周日下午的电台音乐节目中做评论，有位女士写信称他为“骗子、叛徒、毒蛇、白痴”。泰勒在他的著作《人与音乐》中提到这件事：他怀疑她可能是随意说说的，于是在下周的广播节目中，他向所有的听众读出了这封信。但意想不到的是，过几天他又收到了那位女士的来信，信中她依然坚持她的想法。而这一次，泰勒又在节目中谈到了这件事，后来就再也没有收到过类似的信件。如果林肯总统没有学会不理会排山倒海般的各种攻击，他恐怕早就奄奄一息了，他对恶意批评已经应对自如了。林肯这样说：如果自己不对任何攻击做出反应，这件事只有到此为止。麦克阿瑟将军将这段话摆在了自己的办公桌上，丘吉尔也把它放在书房里，以警戒自己。

第四节　争论之中没有赢家

我们绝不可能对任何一人，无论其智力高低，试图用口头的争执去改变他的思想。

要永远避免和他人面对面地对着干

小时候我喜欢和别人斗嘴抬杠，我喜欢和哥哥在任何事上都不停地争论。

后来，我在大学里选修了辩论学和逻辑学，并且经常参加辩论比赛。再后来，我到了纽约，在那里教授演讲和辩论，我甚至曾准备写一本关于辩论的书。但有一件事，却使我改变了这种想法，它使我明白了一个道理：在争论中获胜的惟一方式，就是避免争论。

“二战”结束后，我正在伦敦担任洛斯·史密斯爵士的经纪人。“二战”期间，史密斯爵士是澳大利亚空军飞行员。欧洲战役胜利后不久，他在短短一个月的时间内竟然飞行了半个世界，轰动了全世界。为此他获得了英国女王授予的爵士爵位，也得到了澳大利亚政府的 5000 美元的奖励。顿时，他成为了英国的焦点人物。

一天晚上，我参加了一个为史密斯爵士举行的宴会。宴会上，坐在我后边的一位男士讲了一个笑话，笑话中引用了别处的一个句子。他说那句话引自《圣经》。恰好我当时知道那句话出自莎士比亚的作品，于是就满怀优越感地告诉他。可他立即坚持说，不可能出自莎翁的作品，肯定出自《圣经》。于是我们争论起来。我的老朋友弗兰克·凯姆正好坐在我旁边，他对于莎士比亚的作品也甚是熟悉。于是我和那人向凯姆请教。凯姆听后，在桌子底下用脚碰了碰我，然后说我错了，那句话出自《圣经》，那个人是正确的。在回家的路上，我问凯姆怎么回事，因为他明明知道我是对的，可他说：“你的确是对的，那句话就在哈姆雷特的第五幕第二场。但是，我们都是作为客人去参加宴会的，为什么非要当着众人的面证明他是错误的呢？那样他会对你有好感，认为你学识渊博吗？答案是否定的，既然如此那为什么不保留一下他的颜面呢？他并不需要你的意见，为什么和他争论呢？记住，永远不要和别人正面冲突。”如今，虽然说话的人已经去世了，但我永远记住了他说的这句话：要永远避免和他人面对面地对着干。

辩论，是对对方的变相否定

睿智的富兰克林曾说过这样的话：假如你总是争论、辩驳，或许偶尔你能赢！可这种胜利是空的，因为这会使你在对方心目中的好感大打折扣，所以你要好好想一想，你是要那种语言上的胜利，还是要别人对你发自内心的好感？

美国前总统威尔逊当政时，威廉·麦肯锡是他的财政部长。威廉根据多年的从政经验，总结出了这样一句话：依靠辩论无法让无知的人服气。“无知的人”，也许威廉说得太保守了。

根据我自己的经验，不管对方的知识和智商情况如何，你都无法靠辩论改变他的想法。

斐森是个所得税顾问。他在上课时说：“有一次，为了一笔关键的8000美元，我和一名政府的税务稽查员争论了两个小时。这8000美元实际是应收账款中的死账，没法收回来，所以不该征所得税。可那位稽查员却执意要收。那位稽查员傲慢、冷酷，而且固执。越和他争论，他就越顽固。”

面对这种情形，斐森对他说：“这件事比任何事情处理起来都困难，真是不值一提。我对税务问题的研究大多是来自书本上的死知识，而你有着丰富的工作经验，你的知识全都是由实际的经验总结而来的。我真羡慕你的工作，那会学到很多知识。”于是稽查员在椅子上坐直了，长时间地谈论他的工作，并说起了他的孩子。当时的紧张气氛一下子就缓和了。到临走时，稽查员说他要考虑一下这个问题，几天以后再答复。三天后，稽查员给斐森打来了电话，他说那些所得税他决定不征了。

人们希望被肯定的特点在这位稽查员身上被表现得淋漓尽致。他要的是一种尊重。斐森越和他争论，他就越顽固地用职务的职能来显示自己的权威，当斐森认同了他的权力时，也就没有什么可争的了。斐森最终使他的权威欲得到了满足，于是他就表现出了宽容和理解的一面。

事已至此，争论更毫无意义

帕安互助保险公司有一项规定，那就是：不要和人争论。真正的商业精神不是争论（特别是推销精神）。因为争论并不能让人改变想法。

我有一个学员叫欧·亨利，他接受的教育不多但是非常喜欢与人争论。他曾经当过司机，做过汽车推销员，但是都没有做好，于是他来请教我。经过短短的谈话我知道他总是习惯于和顾客争论，如果对方说他的汽车哪里不好，他立即会急躁地和顾客吵起来。他虽然取得了胜利但他的汽车却没卖出去几辆。所以他为此非常苦恼，于是我安慰他要学会忍耐和克制，不和别人吵架。现在，亨利已成为怀特汽车公司的推销明星。那么他是如何做到的呢？

亨利说现在他去向客户推销汽车，如果客户说怀特的汽车不好，要去买荷西的汽车。亨利会说荷西的东西确实好，买他们的货是不会错的，荷西的车都是著名厂家生产的，而且业务员也棒。他都要先认同客户的想法，然后再说怀特的好处，最后的效果是意想不到的。与其和别人去争论，还不如全心全意地投入到完善你的观点和实践你观点的工作中去。完全没有必要浪费太多的精力去干那件没有结果也毫无意义的事情。这样就可以节约你的大量时间与精力，少去了面红耳赤的争论，只会使彼此更尊重对方，从而增进友谊，有利于思想的交流，意见的转换。

歌剧男高音简·皮尔斯结婚快50年了。他说过："我和太太很长时间以来有一个默契，那就是当一个人大吼的时候，另一个人就静听。因为如果一齐吼叫，那只有噪音和激动，根本不能沟通。"

拿破仑的大管家康丝坦在《拿破仑私生活拾遗》中写到，拿破仑谈到和约瑟芬玩桌球时曾说：虽然我的球技很好，可我总是让她赢，这样她会很高兴。我们从拿破仑那里得到一个道理：在细小的争论上，让我们的客户、丈夫、妻子、情人赢我们。其实争论根本无法消除误会，我们要依靠协调、技巧，还有同情和宽容，来对待别人的不同看法。

林肯曾这样教训一位和同事吵架的青年军官：任何想有所作为的人，绝不会把时间浪费在私人争执上。在拥有相等权利的事情上，要多让对方一些，即使明显是你对的事情上，你也要让一下。与其和狗抢路，被它咬伤，还不如让它过去，否则，就算你把狗杀了，你还是已经被咬了。

我们可以这样避免争论：

（1）首先倾听。给对方一个完整表达自己意见的机会，让他把他的意思完整地表达出来。这时你就要用心去听，以便加强相互的沟通和了解。

（2）寻找共同点。在听对方叙述完之后，首先去寻找你和他意见相同或相近的地方。

(3) 答应认真考虑不同的意见。要很有诚意承认对方的观点是对的。因此答应考虑他的意见是比较聪明的做法。

(4) 感谢持不同意见者的关心。因为关心同一件事情，所以才产生不同的意见。欣然接受不同的意见，也许对方会成为你的朋友。

(5) 不急于行动，给双方时间。适当地停下来，更仔细地考虑一下现存的问题，然后，再举行会谈。

(6) 问一问自己。如果我保持沉默，分歧就会不存在吗？这个难题是我的一次机会吗？几乎所有的争论，都会使参加争论的双方更加坚持自己的观点。不管在表面上是否占了上风，本质上他们都输了。这就像战争的双方都会有损失一样，在争论中也永远没有赢家。

第五节 乐于接受有益的批评

与其等待别人对自己或自己的工作进行批评指责，还不如自己先认清自己的弱点。我们可以是自己最严格的批评家，在别人抓到我们的弱点前，我们应该自己认清并处理这些弱点。

管好自己，找出自己的不足

我的档案柜中有一个私人档案夹，里面有一本愚事录，记录着我做过的傻事。我有时口述给我的秘书做记录，但有时这些事是非常私人的，而且愚蠢到我没有脸请我的秘书做记录，因此只好自己写下来。

每次我拿出那个“愚事录”的档案，看着我当时给自己的评价，都可以帮助我处理最难处理的问题——管理我自己。

我曾经把自己的麻烦怪罪到别人头上，不过随着年龄增长我慢慢地认清了这个问题，到最后才发现原来错的人是自己。拿破仑被放逐到圣赫勒拿岛时说：“我现在这样全都是我的责任，怪不了任何一个人。我最大的敌人其实是我自己，这也是造成我的悲惨命运的主要原因。”

有一个人叫赫韦尔。1944 年 7 月 31 日，他在纽约市大使酒店突然身亡的消息震惊了全美，华尔街更是骚动，因为他是美国财经界的领袖。他曾担任美国商业信托银行董事长并兼任几家大公司的董事。他受的正式教育很有限，他在一个乡下小店做过店员，后来做过美国钢铁公司信用部经理，并一直前景看好。

我曾请教赫韦尔先生成功的秘诀，他告诉我说，几年来他一直用一个记事本，记录着每天有哪些约会。他的家人从不指望他周末晚上会在家，因为他们知道，他常把周末晚上留作自我反省的时间，反省这一周的工作表现。一般是周末的晚餐后，他会打开记事本，回顾一周内所有的面谈、讨论及会议过程，并问自己“当时做错了什么？”“有什么是正确的？我还能做什么来改进自己的工作表现？我能从这次经验中吸取什么教训？”。这种每周检讨有时会弄得他很不开心。

有时他几乎不敢相信自己的莽撞。当然，年事渐长，这种情况倒是越来越少。他到现在仍保持着这种自我分析的习惯，这对他的帮助非常重大。

赫韦尔这个做法可能是跟富兰克林学的，不过富兰克林并不等到周末，他每晚都自我反省。他发现过 13 项严重的错误，其中 3 项是：浪费时间、担心琐事及与人争论。睿智的富兰克林知道，不改正这些缺点，是成不了大业的。所以他决定一周改正一个缺点，并每天记录进度。他一直与自己的缺点奋战，整整持续了两年。

难怪富兰克林会成为受人爱戴，极具影响力的人物。

感谢批评你的人，因为他在促使你进步

哈伯德说过：“每个人一天起码有五分钟不够聪明，智慧似乎也有无力感。”

一般人常因他人的批评而愤怒，有智慧的人却想办法从中学习。诗人惠特曼曾说：“你以为只能向喜欢你、仰慕你、赞同你的人学习吗？从反对你的人、批评你的人那儿不是可以学到更大的教训吗？”

与其等待别人对我们的工作做出批评或指责，到不如我们自己找出问题的所在。我们可以是自己最严格的批评家，所以在别人批评我们之前，我们就要认识到自己的不足并加以改正。达尔文就是这样做

的，当达尔文完成其不朽的著作《物种源起》时，他已意识到这个革命性的学说一定会震撼整个宗教界及学术界。因此，他意识到自我批评的重要性，并耗时 15 年，不断查证资料，向自己的理论挑战，批评自己所下的结论。

如果有人骂你愚蠢不堪，你会生气吗？你会愤愤不平吗？让我们来看看林肯是如何处理的。林肯的军务部长斯坦顿就曾经这样骂过林肯，事情是这样的：为了取悦一些自私自利的政客，林肯签署了一次调动兵团的命令，斯坦顿不但拒绝执行林肯的命令，而且还指责林肯签署这项命令是愚不可及。

有人把这件事告诉了林肯，林肯却平静地回答："斯坦顿如果骂我愚蠢，我多半真的是笨，因为他几乎总是对的，我会亲自去跟他谈一谈。"

林肯真的去看了斯坦顿。斯坦顿说服他这项命令是错误的，林肯就此收回成命。因为他相信对方是真诚的、有意帮忙的。所以林肯坦然地接受了对方的批评。

我们也应该坦然接受这样的批评，因为我们不可能永远都是正确的。连罗斯福总统也只敢期望自己能在四次里面有三次是正确的。当今最伟大的科学家爱因斯坦，也曾坦率地承认他的结论 99%都是错误的。

让我们放聪明点儿也更谦虚一点儿，当因恶意的攻击而怒火中烧时，何不先告诉自己："等一下，我本来就不完美，连爱因斯坦都承认自己 99%都是错误的，也许我起码也有 80%的时候是不正确的。所以这样的批评我应该坦然地接受，如果真是这样，我应该感谢它，并设法从中获益。"

美国喜剧泰斗鲍伯·霍伯从不看赞赏自己的信，只看批评自己的信，因为他知道可以从中学到一点东西。

福特汽车公司为了了解管理与作业上有何缺失，特地让员工说出公司的不足。

我认识一位香皂推销员，甚至主动要求人家给自己提出一些意见。当他开始为高露洁推销香皂时接的订单很少，他生怕自己会失业，他确信产品或价格部没有问题，所以问题一定是出在他自己身上。每当他推销失败，他都静静地走在街上想一想自己有什么地方做得不对，是不是在表达上没有太大的说服力？还是热忱不足？有时甚至反过头问那位顾客："我不是回来卖给你香皂的，希望你能够给我一些意见和建议，请你告诉我，我刚才什么地方做错了？你的经验比我丰富，事业又成功。请给我一点儿指正，直言无妨，请不必保留。"

他这个态度为他赢得了许多友谊，以及珍贵的忠告。想知道他的发展吗？他后来升任了高露洁公司总裁，他就是立特先生。

只有心胸宽大的智者，才能向赫韦尔、富兰克林及立特看齐。四下无人时，你何不扪心自问你到底属于哪一种人？

第七章

我如何获得快乐

chapter 7

第一节 无谓的担忧惹烦恼

人们所担心的事清，99%不会发生，既然如此，那么我们为何要因为不会发生的事情闷闷不乐而变得忧虑呢？这样岂不是很愚蠢吗？

1943 年夏季，所有的烦恼似乎都降临在我的头上。

40 年来，我的生活一直很顺利，只有一些身为丈夫、身为父亲和生意上的小烦恼，我也能从容应付。突然间，接二连三的打击向我袭来，使我应接不暇，我总结出 6 大烦恼：

（1）我办的商业学校，因为男孩入伍作战去了，面临严重的财务危机。很多人在武器工厂工作的工资，比我们学校毕业生的薪水还高。

（2）像所有的父母一样，我时常牵挂我在军队服役的儿子。

（3）俄克拉何马市长在征收土地建造机场，我的房子位于这片土地上，我能得到的赔偿金只有市价的 1/10，更惨的是，因为城市内的房屋不足，我担心我能不能找到一个遮蔽一家 6 口人的房子。

（4）农场里的水井干枯了，因为附近正在挖一条运河。再花 500 美元重新挖井，等于把钱丢在水里，因为这片土地已被征收，每天早上，我得运水去喂牲口，可能要搞两个月，说不定，后半辈子都这么完了。

（5）我住在离学校 10 公里远的地方，限于战时的规定，我又不能买新轮胎，所以，我老担心那辆老爷车会在前不着村后不着店的荒郊野外抛锚。

（6）我的大女儿提前一年高中毕业，她下定决心要读大学，我却拿不出学费，她会因此而心碎。

一天下午，坐在办公室里，我突然决定把这些烦恼全部都写下来，仿佛这样就可以减轻我的痛苦。几个月过去了，我几乎忘了写的是什么。一年半以后，有一天整理东西的时候，我又看到了它。我一面看一面觉得很有趣，同时也学到了一些东西。因为现在我知道，其中没有一项真正发生过。

这 6 大烦恼的最终结果如下：

(1) 担心学校办不下去是没有意义的，因为政府开始拨款训练退役的军人，我的学校不久就招满了学生。

(2) 我那服兵役的儿子毫发无损地回来了，证明我的担心毫无意义。

(3) 担心土地被征收去建机场也是毫无意义的，因为附近发现了油田，因此，不可能再被征收。

(4) 担心没水喂牲口是无意义的。既然我的土地不会被征收，我就可以花钱掘口新水井。

(5) 担心车子在半路上抛锚是无意义的，因为我小心保养维护，坚持下来了。

(6) 担心大女儿的教育经费是无意义的。就在大学开学前，有人提供给我一份从事稽查的工作，可以用课后的时间兼职，大女儿的学费问题迎刃而解。

我以前也听过人们谈论，99%的烦恼不会发生，我一直不太相信，直到看到这张烦恼单，我才完全信服。

虽然我白白为这些烦恼而担忧，但我依然还是觉得很值，因为我学到一个终生难忘的经验，体会到一个深刻的道理：为了根本不会发生的事情而饱受煎熬，这是一件多么悲惨的事啊。

请记住，今天正是你昨天担心的明天。

第二节 历史可以用来消遣

每当我发现自己对目前的情况感到沮丧时，我可以在很短的时间内把烦恼抛到九霄云外，使自己成为一名对生活充满信心的乐观者。

我会闭着眼睛走进我的书房，走到放满历史书籍的书架旁边，随手拿出一本书，我自己也不知道是史东尼所著的《恺撒平生》，还是普利斯寇特的《征服墨西哥》，然后随便翻开一页。这时我睁开眼睛，安静地坐下来读上一个小时，我发现我读得愈多就越能体会到社会的痛苦不堪，人类的文明总是濒于破裂的边缘。悲剧的故事总能在历史上上演，故事中充满战争、瘟疫、贫穷、饥荒，并且无人性。

在阅读了一个小时的历史书之后，我不禁明白，即使像目前这样坏的情况，实际上也比以前好多了。这使我能够重视我现在所遭遇的困难，并明白世界正不断进步，朝更好的方向发展。

阅读历史吧，试着将你的眼光扩展到一千年之远——从永恒的观点来看，你将会发现“自己的”烦恼是多么微不足道。

第三节 改变人生的四件事

我年少时因衣服不合身而自卑苦恼。但是在后来，我却被评为美国参议院着装最佳男士。

我尽力把演讲词全背下来，然后对着树木和牛练习了上百遍，如果当年我没有在那次比赛中获胜，恐怕到死也进不了参议院。

我 16 岁时，就我的年龄来说，我长得实在太高了。因而经常为烦恼、恐惧、自卑所苦。16 岁的我瘦得像根竹竿，身高 188 厘米，体重只有 60 公斤。虽然我长得很高，但身体却很弱，永远无法和其他小男孩在棒球场上或田径场上竞争。他们开我玩笑，喊我“瘦竹竿”。于是我非常的自卑、忧愁，甚至不敢出去见人，而我确实很少与人见面，因为我们的农庄距离公路很远，四周全是浓密的树林。我经常整个礼拜见不到任何陌生人，所见到的只有我的母亲、父亲、姐姐、哥哥。

无论何时我总是在想一件让我发愁的事：自己那高瘦虚弱的身体。我的难堪与恐惧如此严重，几乎难以描述。由于我父母没有能力送我上大学，我知道我必须自己奋斗。因此，一到寒冷的冬天，我就去打猎、设陷阱，捕捉动物。春天时我把得来的兽皮卖掉，换了 4 美元，然后用那笔钱买了两只小猪，第二年秋天把它们卖掉，又换了 40 美元。带了卖掉那两只猪的钱，我离家进了位于印第安纳州丹维市的“中央师范学院”。我每周省吃俭用，花费不到 2 美元。我身上穿的是母亲为我缝制的一件棕色衬衫。我也有一套正装，本来是父亲的，父亲的衣服不合我身。我穿在脚上的那双鞋子也是他的，同样不合我的脚，因此我一走起路来，鞋子就几乎从我脚上掉下来。我觉得更自卑，不敢和其他学生打交道，所以独自坐在房里看书。当时我最大的欲望，就是使自己有能力购买一些商店中出售的衣服，既合我身也不会让我为它们感到羞耻。

后来发生的四件事帮助我克服了我的忧虑和自卑感。其中一件事给了我勇气、希望和信心，并完全改变了我以后的生活。

第一件：在我进入师范学院不久，我参加了一项考试，获得一纸“三等证明”，使我可以在乡下的公立学校教书。尽管这张证书的期限只有 6 个月，但它表示某人对我有信心——这是除了我母亲之外，第一次有人对我表示有信心。

第二件：一所位于“快乐谷”的乡村学校的董事会聘请了我，每天薪水 2 美元，月薪 40 美元。这表示有人对我更具信心。

第三件：在我领到第一次薪水之后，我在店里买了一些衣服，穿上它们，我不再觉得羞耻。这使我更加自信地昂首挺胸与周围的人交往。

第四件：我第一次成功地克服了自卑和忧虑，这件事成了我生命中真正的转折点。印第安纳州班桥镇每年都会举行“普特南郡博览会”。这年我母亲鼓励我参加其中一项公开演讲比赛。对我来说，这简直难以想象。我连一个人都难以面对，更不用说面对一群观众了。但我母亲对我有信心，她对我的前途有很大的梦想——她是为她的儿子而活。她的信心使我毅然地参加比赛。我选择了《美国的自由艺术》为演讲题目。坦白地说，我刚开始准备讲时并不知道什么是自由艺术，不过，我相信我的听众们也不懂。我将我那份文采绚烂的讲词全部默记下来，并对着树木和牛练习了不下 100 遍。我急于在我的母亲面前好好表现一番，因此，我带着深厚的感情演讲，结果我得了第一名。我不禁惊呆了，听众中响起一片欢呼。那些一度讥笑我，称我为“瘦竹竿”的男孩子，现在拍着我的背说：“艾摩，我早知道你行。”我母亲万分激动地搂着我，高兴地哭了起来。

即使我现在取得了如此成就，但每当回顾过去时仍可以看得出来，那次事情是我人生的转折点。

在那次比赛中获胜，使我在当地声名大噪，成为众人皆知的人物，而更重要的是，这件事使我的信心增加了千百倍。我现在很明白，如果我不是在那次比赛中得胜，我恐怕一辈子进不了美国参议院，因为这件事使我开了眼界，扩展了我的视野，使我明白自己拥有以前甚至不敢妄想的潜在能力。

那时，我渴望多得到一点教育。因此，在以后几年当中，我把我的时间分为教学和学习两部分。为了支付我在迪保大学的费用，我看过锅炉、剪过草坪，暑假在麦田和玉米田里工作，并在公路工程中挑过石子。

在1896年，只有19岁的我已发表了28场演说，呼吁人们投票选举威廉·杰宁斯·布利恩为总统。布利恩竞选的那份热情慢慢地引发了我对政治的兴趣。因此，进入迪保大学之后，我就选修法律和公开演说两门课程。在1899年，我又代表学校参加了在印第安纳波利斯市举行的辩论赛，我们的辩论对手是巴特勒学院，题目为《美国参议员是否应由大众选举》。我又在另外一场演讲比赛中获胜，成为班刊和校刊的总编。

在迪保大学获得学士学位之后，我向西南方去，我来到俄克拉何马。在这里我申请了一块土地，在俄克拉何马的罗顿市开设了一家法律事务所。我在州参议院服务了13年，在州下议院4年。当我40岁那年，我终于达成了我一生中的最大愿望：从俄克拉何马被选入美国参议院。从1917年3月4日起，我一直服务于该职。自俄克拉何马和印第安纳区成为俄克拉何马州之后，我一直受到该州自由党的光荣提名：先是州参议院，然后是州议会，最后则是美国参议院。

我之所说这么多并不是想要向人们炫耀，我只是希望能为一些正在因自卑而烦恼的年轻人增添一些勇气和自信。因为我知道，当我穿着父亲的旧衣服和那双总是掉落的大鞋子时，那种烦恼和自卑几乎毁掉我的一生。

第四节 克服忧虑的五个方法

以下是我克服忧虑的五种方法：

方法一

我在 24 岁时突然患了眼疾。看书不到三四分钟，眼睛就会像扎满了针一样疼痛难忍。即使是不看书，对光线也十分敏感，以至于我不敢面对窗口。我遍访纽哈芬和纽约市最著名的眼科大夫，丝毫没有好转。每天下午 4 点以后，我只能坐在最阴暗的角落，等待就寝时间来到。我简直痛苦极了，十分担心会由此失去教师的职业，而不得不到西部去当一名伐木工人。接着发生了一件很奇怪的事，充分显示了人类意志对于身体疾病奇迹般的影响。那是一个悲惨的冬天，眼睛情况更加恶化，而我仍接受邀请前去为一个大学团体发表演讲。演讲厅的天花板上悬着许多盏大灯，强烈的灯光刺得我的眼睛疼痛不已。在台上等待着演讲时，我不得不盯着地板。奇怪的是，在 30 分钟的演讲过程中，我完全没有感觉到疼痛，并且可以直接望着屋顶上的灯不眨眼。然而，演讲结束后，我的眼睛又开始疼了。

这次经验使我明白，如果专心致志地做一件事，不仅仅是短短的 30 分钟，而是一个星期，或许我的眼疾就可以痊愈。事实证明，心理上的兴奋是完全可以战胜身体上的不适的。

还有一次类似的经历也可以证明这一观点。有一次我乘船跨越大西洋，突然腰部剧痛，根本无法行走。我试着站直身子，更是疼痛难忍。在此情形下，我应邀在甲板上发表一次演说。演讲一开始，所有的疼痛都被抛到了九霄云外。我站得笔直，情绪激昂地一连讲了一个钟头。演讲结束之后，我轻松自如地走回自己的房间，以为自己已经痊愈了。但是，过了一会儿，腰痛又开始了。

这些经验使我深深领悟到心理作用的重要性。它让我明白应该充分地享受生活，将每一天当作自己生命的第一天，以及最后的一天。对于新奇和充满冒险精神的每一天，我都兴奋不已，而一个心情激昂的人，是永远不会有烦恼的。我喜爱教学工作，并且曾经写过一本名为《教学的乐趣》的书。对我而言，教学不仅是一种艺术和职业，而且是一种爱好。我喜爱教学，如同画家喜爱绘画，歌手喜爱唱歌。每天清晨起床之前，想到自己的学生，我心里就充满了无限的喜悦。我始终认为，成功的最大因素就是保持热忱。

方法二

我发现阅读一本引人入胜的好书就可以将自己的烦恼抛到九霄云外。在我 59 岁那年，曾经经历过一段漫长的心理历程，我的精神几乎崩溃。于是，我开始阅读大卫·威尔逊的伟大著作《喀莱尔传记》，它对我的思想产生了深远的影响。我几乎把所有的精力都投入到阅读这本书上，暂时忘却了思想上的消沉。

方法三

还有一次，我的心情十分沮丧，因此我强迫自己必须从事剧烈的运动，清晨一起来就打五六场网球，然后洗澡、吃饭，下午再打高尔夫球，周末则跳舞一直跳到凌晨一点。我强迫自己多流汗，让沮丧和忧愁随着汗水统统流光。

方法四

在很早以前我就知道如何在过于紧张和匆忙的情况下工作。我试图学习克洛斯的生活哲学。他担任康乃特州州长时曾说：“当我面对繁杂的工作时，我会坐下来松弛一下，抽抽烟斗，休息一个小时，什么事也不做。”

方法五

消除烦恼最好的方法就是耐心和时间，当我因某事烦恼时，我会从正面的角度来看待这些烦恼。我会对自己说，几个月之后，这些烦恼都会消失殆尽的，现在我又何必为之烦恼呢？为什么不采取两个月之后将采取的那种态度呢？

第五节　度过了昨天，就能熬过今天

我曾经生活得很拮据，而且还患过严重的疾病。当人们问我如何渡过难关时，我的回答总是这样的：“度过了昨天，就能熬过今天。我不允许自己去猜想明天将发生什么事。”

过去的经验使我深刻地体会到奋斗、焦虑和失望的意义，回顾已经逝去的岁月，深感生活如同战场，遍布破灭的梦想、支离破碎的希望和残缺的幻想。在这样的战斗中，每个人得胜的机会都十分渺茫，每一场战斗下来，都会伤痕累累、手脚残缺。

然而，我从不因此而垂头丧气、自我可怜，从不为过去的烦恼而流泪。对那些未曾遭遇苦难的幸运儿也丝毫不存忌妒之心，因为我实实在在是在生活，而那些人不过是活着而已。我已满饮生活的苦酒，而那些人不过是品尝了一点泡沫。我从中所明白的道理也许是那些人一辈子也不会懂得。我见过那些人从未见过的东西，只有眼睛被泪水洗净的女人，才有广阔的视野。

在那些困苦的环境中，我学会的东西将会使我受益终生，这是那些生活在舒适环境的文人难以理解的。我学会了珍惜每一天，不会为未知的明天而恐惧和烦恼。恐惧使人懦弱，我努力地赶走自己身上的恐惧。经验告诉我，只要恐惧向我袭来，我的内心就会滋生某种勇气和智慧来抗拒它。

细小的烦忧对我产生不了丝毫的影响。一个经历了极度不幸的人，面对仆人服侍不周，或是厨子弄坏了一锅汤，也都会装作视而不见。

我也学会了不要对他人产生过高的期望，这样一来，无论是朋友对我不忠，还是相识之人的闲言碎语，我都会一笑置之，并且继续与他们保持交往。

除此之外，我还学会了幽默，因为令人哭笑不得的事情实在太多了。当一个女人遇到烦恼时，不仅不焦不虑，反而能自我解嘲，那么世界上再也没有任何不幸可以伤害她了。

对于人生的种种困苦，我从不觉得遗憾，因为透过那些困苦，我彻底了解了生活的每一面，而这一点就值得我付出一切代价。

第六节 我曾以为活不到明天

许多年以前，我陷入了烦恼和绝望之中，那是我一生中最痛苦的一段经历。这些烦恼与公司业务无关，相反当时公司业务十分稳定而且蒸蒸日上。但是，由于我个人做出的一些不明智的行为，致使公司于 1929 年破产。我遭到众人的指责，心中充满了烦恼和担忧，常常整晚都无法入睡，久而久之变成一种疼痛难挨的疾病，即所谓“带状疱疹”—— 一种突发性的红疹。我向密歇根州巴托卫生局的伊格斯顿大夫求助。大夫认为我的病十分严重，必须躺在床上。这期间我接受了一次严格的治疗，但没有任何效果。我的身体越来越虚弱，精神和肉体濒临崩溃的边缘。我近乎绝望了，看不到一丝希望，觉得没有任何东西可以依靠，也觉得没有一个真正的朋友，甚至连家人都无法信赖。

有一天晚上，伊格斯顿大夫给我服了镇定剂，由于药效很快就退了，我在疼痛中醒来，想到这将是自己生命中的最后一天了，于是走下床来，开始给妻子和儿子写遗嘱。我不相信自己能活到天亮。

第二天早晨醒来，我惊讶地发现自己仍然活着。突然间我觉得自己仿佛被人从黑暗的牢笼引到了温暖、明亮的阳光中，从地狱步入了天堂，我恍然大悟，原来自己所有的烦恼都是自我的。

从此，我不再有任何烦恼了，我已经幸福快乐地活到了 71 岁。

第七节　运动可以解忧

我发现每当自己为一件事反复思考或者忧心忡忡，像只漫无目的兜圈子的骆驼时，我就会用运动的方式来减轻自己的烦恼。

这些活动既可以是跑步，也可以是乡村徒步远足，也可以是打半小时的沙袋，或在体育场打网球。无论是什么，体育活动总是能够使我的精神为之一振。当肉体疲倦时，精神也随之得到休息，我就能够充满活力、焕然一新地回到自己的工作岗位。

在纽约，我经常到俱乐部健身房去待上一个小时。没有人在滑雪或者从事激烈运动时还会烦恼不已，因为忙碌的他们忘记了自己的烦恼。在运动面前，烦恼的大山很快就变成微不足道的小山丘了，一个新念头和新行动很容易就能将它“摆平”。

我发现，烦恼的最佳“解药”就是运动。当你烦恼时，多用肌肉，少用脑筋，其效果会令你惊讶不已。至少这种方法对我极其有效，当我开始运动时，烦恼就自动消失了。

第八节　我曾是忧虑的受害者

17 年前，我在弗吉尼亚军事学院上学时，被称为“弗吉尼亚烦恼大王”。我心中充满了烦恼和忧虑，因而常常生病，以至于学校医院经常为我保留一张病床。护士们一看到我去医院，就不由分说地为我注射一针。

那个时候的我非常烦恼，对任何事情都充满了忧虑。有时候甚至忘记自己究竟为什么烦恼。因为物理学和其他几门课考试不及格，我担心会因成绩太差被学校开除；我很担心消化不良、失眠会影响自己的健康；我担心自己的经济状况不能够使自己顺利毕业；我担心自己无法经常买礼物送给女朋友，她会嫁给其他的同学。日日夜夜，我总在为许许多多无法解决的问题而烦恼。

巴德是企业管理学教授。于是我将自己的这些烦恼向巴德教授进行了倾诉，虽然与巴德教授谈话只有短短的 15 分钟，但从谈话中所学的比大学四年所学的东西多得多。他对我说："吉姆，你应该面对现实。如果你能将用于烦恼的一半时间和精力用来解决自己的问题，那么，你就不会再有烦恼了。忧虑其实只是你的一个坏习惯罢了。"

他为我订立了三项规则，帮我改正忧虑的习惯。第一，正确了解自己烦恼的究竟是什么问题；第二，找出问题的原因；第三，立刻采取一些建设性的行动，来解决这些问题。

按照这三项规则，我拟订了一些积极的计划。我不再为物理学不及格而烦恼，而是反问自己为什么会不及格。我知道并不是因为自己天资愚笨，相反我还是校刊的总编辑。之所以没有通过物理学考试，原因是我对这门课程缺乏兴趣，而之所以不感兴趣，是因为我认为它对自己将从事的事业毫无帮助。但是，现在我改变了态度。我对自己说："如果学校要求必须通过物理考试才能取得学位，我能够抗拒吗？"

因此，我不再浪费时间为物理学如何难学而烦恼，而是专心致志去学习，结果很顺利地通过了考试。

对于经济问题，我以勤工俭学的方式来解决，譬如在舞会上贩卖果汁。同时我向父亲贷款，保证毕业后不久将贷款还清，结果问题很快就得以解决。

我也解决了爱情难题，我勇敢地向那位我曾担心会移情别恋的女孩子求婚。她现在已是吉姆·勃德索夫人了。

现在回忆起来发现，当时忧心忡忡的种种问题，现在看来都不是问题，只不过是当时不愿去找寻烦恼的原因，并勇敢地面对它们罢了。

第九节　解救我仅是一句话的事

许多年以前，我的内心充满了迷茫和彷徨，整个生活几乎被一些无法控制的力量支配着。有天早晨醒来，我很偶然地打开《新约圣经》，眼光落在一句经文上："他派我来，亦和我在一起——天父并未将我遗忘。"

受这句经文的启迪，我的生活从此得以全面改观，所有的事物焕然一新。我每天都不断地重复使用这句经文，每当他人前来向我寻求帮助时，我也是以这句经文赠送给他们，从我第一次读到这句经文开始，我就将它奉为我人生的座右铭。我与它同行，并从其中发现了力量与安宁。对我而言，它是宗教的根本，它使生活变得有价值，它是我生活上的金科玉律。

第十节 我听到一个声音

我在印度传教40年。刚开始的时候，我很难忍受当地的酷热以及工作的重大责任所带来的压力。前8年，我因心力交瘁，昏倒了不止一次。我听从医生的指示前往美国休养了一个月。回美国的船上，在主持一次船上的主日礼拜中，我又昏倒了。于是后来的整个旅程，我都只有遵照船医的指示，卧床静养。

在美国休养了整整一年，我准备重返印度，途中在马尼拉停留，为大学生主持几次布道大会。在一连串布道会的压力下，我又昏倒了好几次。医生警告我，如果这样去印度，只有死路一条。可是我不听他们的劝告，依然坚持着我的选择，当然是怀着隐忧去的。当我抵达孟买时，已经精疲力竭，只好直接上山休养了几个月，才又回到我的工作岗位，可是没办法工作，因为我又病倒了，不得已我又回到山上静养了一段时间。当我再回去时，只是彻底发觉自己没办法工作了。身心两方面，我再没有能源可利用，我担心后半辈子将会成为废物。如果得不到帮助，我只有放弃传教事业回美国，在农场上工作恢复健康。当时实在是我生命中的黑暗时期。有一晚祈祷时，发生了一件改变我一生的事。我似乎听到一个声音说："你自己准备好接受我派给你的工作了吗？"

我回答说："不！我的主！我完全没有力量。"

那个声音又说："如果你把它交给我，不必再去为它操心，我会处理的。”

我立即回答：“主啊，就这么办吧！”

我所有的不安瞬间化为乌有，我解脱了，那晚我轻飘飘地回了家，心中充满了圣灵。往后几天，我几乎忘记所有的一切。我从早工作到晚上，上床时还在奇怪自己何必还要睡觉，因为我丝毫没有倦意。因为主在我心中，带来生命与平安。

我一直犹豫着该不该把这件事说出来，不过我还是说了。从那件事以后，我辛苦工作了许多年，但是老毛病却从没复发过。事实上，我感觉到前所未有的健康。但这绝不是生理上的治疗。我的身心与灵魂似乎都被注入了一个新的生命。那次的经验以后，生命对我而言，提升到了一个更高的层次，那不是因为我做了什么，我只是接受了它。

从当时到现在的许多年中，我在世界各地旅行，通常一天有三场演讲，还能有时间及精力写一本《耶稣在印度》的书，以及其他 11 本书。在那样的忙碌中，我从来没有误过一件事，也没有迟到过。当年击垮我的忧虑已经全部消失，今年 63 岁的我，不但充满丰沛的生命力，并以服务他人为乐。

改变我一生的那段经历，绝对经不起理性或心理学上的解释。但是那一点关系都没有，生命本来就比所有的过程要复杂得多。

我确知一件事，31 年前，在我最脆弱的时候，当我听到“把它交给我，不要再担心，我会处理的”，而我回答“主啊，就这么办吧”时，我的人生就完全改变了。

第十一节 我做过世上最苦最累的工作

以前我曾经是一个十分糟糕的“烦恼大师”。1942 年夏天，我所有的烦恼瞬间烟消云散，因为发生了一件特别的事情。

那次经历使我生活中的所有烦恼都变得微不足道了。我希望一直这样保持下去。

长期以来，我一直渴望能在阿拉斯加的渔船上工作一段时间。1942 年夏天，我如愿受雇于阿拉斯加科地亚克的一艘 32 尺长的鲤鱼拖网渔船。这艘船上只有 3 名船员，船长全面负责航行和捕捞，大副协助船长做一些具体工作，另外一个则是日常打杂的水手。他们都是北欧人，我也是。

鲤鱼拖网必须配合潮汐进行，连续工作 20 个小时已经似乎成为我们的家常便饭，因此我曾经整整一个星期像这样夜以继日地工作。在船上，我做的是其他人不愿意做的工作：洗甲板、保养机器，将鲤鱼从这条船丢到另一艘小船，送去制罐头；在狭小的船舱里用一个烧木材的小火炉煮饭……船舱里马达的热气和恶臭令人作呕，我穿着长筒胶鞋，鞋里常常灌有水，我甚至没有时间将水倒出来，因此我的双脚只要浸泡在水中。

但是，以上工作与我的主要任务比起来，都是小儿科。“拉网”才是我主要的工作，它看起来十分简单，但实际上，渔网太沉了，当我竭尽全力试图将它拉上来时，它却岿然不动，相反却把船身拉得倾斜了。渔网太沉无法拖动，我不得不使出吃奶的劲沿途拉着不放。一连几个星期都是如此，我几乎快要累死了，浑身酸痛，几个月都恢复不过来。

当我好不容易休息下来时，我靠着一个临时凑成的柜子倒头就睡。尽管浑身上下无处不疼，但却熟睡得像服用了安眠药一样深沉，极度的劳累就是最好的安眠药。

我十分庆幸自己曾经吃过这些苦，这样忙碌的生活使我忘记了烦恼，今天，每当我遭遇了困难，我都不再忧虑，而是反问自己："艾利克森，这会比拖网更辛苦吗？"我会回答说："不，没有什么事情比它更苦了。"于是我信心满满重新振作起来，勇敢地接受挑战。

偶尔尝试一下痛苦未必是一件坏事。我很高兴自己曾经做过世界上最辛苦的工作，这使得我所遭遇的所有问题都变得微不足道了。

第十二节　我曾是世上最大的笨蛋

我比这个世界上任何一个人无论是活的、死的还是奄奄一息的，经历的疾病折磨和考验都要多。

我患的并不是普通的忧郁症，我的父亲曾经开过一家药店，从小在这种环境中长大，每天都可以和大夫及护士聊天，所以懂得许多疾病的名称和病症。我并不是一个忧郁症患者，但是我确实有病症。我常常为某种疾病烦恼一两个小时，不知不觉就拥有了那种疾病的全部病症。

有一次，我们居住的马州林顿镇流行一种十分严重的白喉病。每天，我都在父亲的药店里，将药卖给那些受到传染的病人。渐渐地，我开始担心自己会不会也被这种病所传染，整天躺在床上，心中充满了忧虑，结果这些症状都在我身上发生了。

医生检查之后说："波希，你的确已染上了。"这使我心情为之一松。当我确信自己已经患病时，就不再担心了。我翻过身子，呼呼睡着了。第二天早晨，我健康如初。相当长的时间，我备受众人关注和同情。我得过许多稀奇古怪的疾病，不仅多次"死"于狂人病和牙关紧闭症，甚至还得过类似癌症和肺结核等可怕的疾病。

对于那些当时看起来如此悲惨的事情，现在回想起来是如此的可笑。多年来我一直心存恐惧，害怕自己正走在坟墓边缘。春天该添置衣服时，我总是问自己："既然知道自己不久于人世了，为什么还要浪费钱财呢？"

今天，我很高兴地告诉你，我已取得了巨大的进步，过去10年中，我的担心是多余的，我依然活得好好的。

我是如何取得如此大的进步的呢？嘲笑。我嘲笑自己这些荒唐的想象。每当我感觉到那些恐怖的病症又降临到我身上时，我笑着对自己说："喂，惠亭，过去二十几年来，你一次又一次免死于那些致命的疾病，而你现在的健康情况却是最佳的。一家保险公司最近还同意你投保更多的人寿险。惠亭，难道你不觉得自己是个大笨蛋吗？"

我很快发现，如果我嘲笑自己，就不会有时间自寻烦恼了。因此，我一直嘲笑自己。

第十三节　留有退路心不慌

军事专家说，打仗最重要的是要保证通畅的补给线。

我认为，人们绝大部分的忧虑都和家庭事务及金钱有关。十分幸运的是，我的妻子来自俄克拉何马的小城镇，我和她的兴趣和爱好、家世背景也相同。我们俩尽力遵守这条金科玉律：将家庭矛盾降到最低点。此外，我们还使用另外两种方法来减少金钱烦恼：

第一，坚持一个基本的做人原则，那就是任何事都保证 100% 诚信，譬如借人钱财必须如数归还，诚实可使人免去许多烦恼。

第二，每当开创一番新的事业时，我总是给自己预留后路。军事专家说，作战的第一要则是保持补给线的畅通。我认为这条原则同样适用于人生的“战斗”。小时候，我生活在俄克拉何马州，能深深体会到干旱带来的贫穷滋味。我们辛勤地工作，也只能维持基本的生活水平。我们家更是家徒四壁，小小年纪的我必须驾着篷车，带着交换的马匹，到处奔波求生。我渴望自己能有一份稳定可靠的工作，能够给家庭一些帮助。通过不懈的努力，我终于在一家火车站谋到一份差事，并且充分利用空闲时间学习拍发电报。后来，我又得到另一份工作，在佛里斯科铁路公司当一名轮班员，接替那些生病或休假的火车站站员，或者在他们忙不过来时提供支援。这份工作的月薪为 150 美元，让我这样一个穷苦人家出生的年轻人在经济上得到了一定的保障。因此，每当想独立开创一番新的事业时，我总是将回到原先工作的路开放着，将它看成自己的补给线。

1928年，我被佛里斯科铁路公司派往俄克拉何马齐尔市工作。一天晚上，一位陌生人信步走进车站办公室，要求拍发一封电报。当时我正在弹吉他，唱牛仔歌曲。他对我说："你弹得很好，唱得也不错，应该到纽约去，在电台或戏院里找份工作。"最初我觉得他不过是在奉承我，但是当我看到他签在电报上的名字时，我惊讶得喘不过气来，他是威尔·罗吉斯。

但是我并没有立刻到纽约去，而是将这件事仔细掂量了一番。在连续思考了几个月以后，我决定到纽约去，我相信自己一定会有所收获。我有铁路通行证，可以免费乘车；困了，可以坐在火车上睡觉；饿了，可以吃些三明治、水果点心之类的食品。

到达纽约之后，我找了一间每周5美元房租带家具的房间住下来。但是，在街头流浪了10个星期我却一无所获。如果没有工作提供经济保障，我一定会急出病来的。我已经在铁路公司服务了5年，取得了就职的优先权，但是要想保留这项优先权，则不可离职超过90天。当时，我在纽约已待了70天。于是，我赶紧利用铁路通行证赶回俄克拉何马，继续从事原来的工作。我必须保证自己的补给线不断。

工作了几个月后，我存了一些钱，于是又来到了纽约。这一次，我取得了很大的进展。有一天，我一边在一间录音棚等待考试，一边对着女接待员弹唱《珍妮，我梦到紫丁香》这首歌，恰巧歌曲的作者纳特·斯切克劳特走进办公室。他很高兴听到有人演唱自己的歌曲，于是写了一张条子，让我到维多唱片公司去试试。在维多唱片公司我录了一首歌，但太生硬，很不自然。我接受录音师的劝告，回到了杜沙，白天在铁路公司上班，晚上在当地电台演唱牛仔歌曲。我十分喜欢这种安排，它表明我的补给线是畅通的，对于经济问题我不再有任何烦恼。

我在杜沙电台演唱了9个月，其间，与吉米·朗合作创作了一首《我那白发的父亲》的歌曲，颇获好评。美洲唱片公司老板亚瑟·沙得利为此灌制了一张唱片，也获得了成功。后来我又灌了许多张唱片，并且在芝加哥 W15 电台找到一份工作，演唱牛仔歌曲，薪水是每周 40 美元。4 年后，我的薪水提高到每周 90 美元，与此同时，我在戏院登台表演，另外还有 300 美元的额外收入。

1934 年，机会降临了。当时好莱坞的制片商决定拍摄牛仔影片，他们需要一位会唱歌的新型牛仔。美洲唱片公司的老板是共和影片公司的股东之一，他对其他合伙人说："想找一个会唱歌的牛仔，我那里正好有一个。"

从此我进入了电影圈，周薪是 100 美元。在开始拍歌手牛仔影片时，我曾担心自己所拍摄的影片是否能够成功，但我并不忧愁。因为我知道我可以随时回到原来的那份工作。

在电影上的成就远远超乎我的想象，现在我的年薪已达 1 万美元，而且不包括我拍摄影片应得的红利。我知道这种状况并不会永远保持下去，但我从来不会为此而担心，因为我知道无论发生什么意外——哪怕是失去了所有的钱——我都可以随时回到俄克拉何马，在佛里斯科铁路公司找到一份工作。我的补给线永远是畅通的。

第十四节　当我跌至谷底

1933 年的一天可以说是我一生最悲惨的一天，当时警长从前门进来，我从后门溜走。我失去了长岛的家园，那是我女儿从出生到现在一起生活了 18 年的家。这种不幸的事情降临在我的头上使我无法相信。两年以前，我还满怀欣喜地把我的小说《水塔西侧》的电影版权卖给电影公司，价钱堪称好莱坞之冠。我们一家住在国外已经两年了。夏天我在瑞士避暑，冬天在法国逍遥地像个富翁一样。

在巴黎，我花费 8 个月的时间完成了一本小说。由威尔·罗杰斯主演，那是他的第一部有声电影。电影公司邀请我留在好莱坞为罗杰斯的电影再写几部剧本，可是我拒绝了。回到了纽约，我的麻烦也就接踵而至。

我渐渐觉得自己有一种沉睡已久的潜能未得到开发，我把自己想象为成功的生意人。有人告诉我，约翰·雅各布·亚士特投资纽约空地赚了几百万。亚士特何许人？不过是带着外国口音的一个移民。他都能做到，我为什么不能？想要发财的我开始阅读游艇杂志。

我虽然有无限的勇气，但我对房地产买卖的了解不比一个爱斯基摩人多。我不知道从哪里去筹备资金来支持我创业，突然想到可以用我家房子作为抵押买下一批地，等到价钱好再卖出。我就可以过奢侈的日子了。对那些在办公室任劳任怨领薪水的人，我充满了同情。显然上天只赐给我这种理财的天分。

突然间，大萧条就像飓风一样席卷了我。

一个月我得为那片土地缴 220 美元。而一个月过得可真够快的，当然我还得支付抵押贷款，并维持全家温饱。我开始担心，我想为杂志写些幽默小品，可下笔沉重，一点都不好笑。结果不但什么都没有买出去，小说的销售量也不是很好，可谓是赔了夫人又折兵。钱用完了，除了打字机及牙齿的镶金以外，再没有可以变现的东西。牛奶公司不再送牛奶，煤气公司也给断了气，我们只有改用露营用的小瓦斯罐，它喷出火焰时带着咆哮的声音，好像一只发怒的鹅。

我们没有煤可以用，惟一取暖的工具就是壁炉。晚上我会到有钱人盖房子的工地去捡拾木板木条，而我曾经是有钱人人中的一个。

我每天都生活在恐惧之中，寝食难安，有的时候除非把自己搞得很累才可以安然入睡。我不但损失了我买的土地，还赔上了我所有的心血，银行扣押了我的房子，我和家人只能流落街头。

最后我们总算有钱租一个小公寓。1933 年新年，我们搬了进去。我坐在行李箱上看着四周。我妈常说的一句老话在耳边响起：“别为打翻的牛奶哭泣。”

可是，这不是牛奶，这是我一生的心血啊！

呆坐了一会儿，我告诉自己：“我已经衰弱到底了，情况不可能再坏，只有逐渐转好。”

我开始想还有什么我还没失去的东西。我还拥有健康与朋友，我可以东山再起，我不再为过去而难过，我要每天提醒自己我妈妈常说的那句话。

我把忧虑的时间及精力投注在了工作上，生活状况渐渐地得以改善。我现在反而要感谢上天让我有机会去经历那样的挫折，因为它让我得到了人生中不可或缺的宝贵经验，那就是自信与力量。让我深深地体会到什么是跌到谷底，让我明白人是不可能就这样随意被击垮的，我们远远比自己想的要坚强得多。现在，再有什么小困难、小麻烦，我总会提醒自己坐在行李箱上对自己说过的话：“我已跌至谷底，情况不能再坏，只有转好。”这些小事再也不会令我烦恼。

不要为过去的事烦恼，接受不可避免的事实！当你坠落到一定的高度时就会上升。

第十五节　忧虑是我最强悍的对手

在我的拳击生涯中，忧虑比我所对付的任何重量级拳手更难对付。我清楚我必须要消除烦恼，否则它将大大削弱我的活力，影响我的发挥。为此，我写了一份克服忧虑的方案，以下就是其中的一部分：

我常常对自己说一些鼓励的话，为的就是在比赛中有足够的勇气。比如我在和佛波比赛时，就不断地对自己说："我是无敌的，他击败不了我，他的拳头无法击中我，我不会受伤。不管发生任何事情，我都要勇往直前。"类似这样的自我激励的话，才能使我始终保持一种积极的心态，甚至使我感觉不到对方的拳头在进攻。我在拳击生涯中，嘴唇曾经被打破，眼睛曾经被打伤，肋骨曾经被打断，曾今被一拳打出场外，摔在一位记者的打字机上，将打字机压坏了。但我对佛波的拳头毫无感觉——我从未感觉到任何拳头。也许有一次，那就是李斯特·强森一拳打断了我的三根肋骨时。我敢说，除此之外，我从未对任何一拳有过感觉。

我不断地提醒自己，烦恼对自己是百害而无一利的。在我参加比赛之前我的大部分烦恼都将涌现出来。我经常在半夜醒来，辗转反侧，无法成眠，心中充满了烦恼。我担心自己在第一个回合就会被对方打断手，扭断脚，或者打伤眼睛，使我无法竭尽全力发挥攻势，每每想到这里，我总是走下床，对着镜子中的自己说："你真是个大笨蛋，竟然为一些尚未发生，而且可能永远不会发生的事情烦恼。人生短暂，能有几年可活，你应该尽情享受才是。"

我会接着对自己说："健康是人生最大的本钱，没有任何东西比它更重要了。"我不断告诫自己失眠和忧虑是健康最大的杀手。我发现，当我每一个晚上，每一年不停地向自己诉说时，这种思想也逐渐渗透到了内心深处，我也因此可以轻而易举地消除所有的烦恼了。

消除忧虑最好的一种方法就是祈祷。无论在训练场上，还是比赛场上，我总是在每一回合铃响之前祈祷，因为这样可以给予我信心和勇气。

第十六节　不让忧虑有可乘之机

小时候的生活让我充满了恐惧。患有心脏病的母亲常常晕倒在地上。我们都很担心，害怕她有一天会突然死去。在我的脑海中，那些失去母亲的小女孩都会被送进中央卫斯理孤儿院，它坐落于我们居住的密苏里州华林顿镇。一想到自己将被送到那里去，我就更加害怕了。我在 6 岁时就经常祈祷："亲爱的上帝，请让我母亲继续活下去，那样我就不用到孤儿院去。"

20 年以后，哥哥梅勒受伤，承受了极大的痛苦，他无法吃东西，也不能在床上翻身。为了减轻他的痛苦，无论是在白天还是晚上我必须每隔 3 小时为他注射一次吗啡，那时我在镇上的中央卫斯理学院教音乐，每当邻居们听到哥哥大声喊痛时，就会打电话到学校，我立刻放下教鞭赶回家，为我哥哥注射一针。每天晚上睡觉前，我都会将闹钟拨到 3 小时之后，以便起床服侍哥哥。我依然还记得，在冬天的夜晚，我总是将牛奶放在窗外，让它结冰，变成自己最爱吃的冰激凌。每当闹钟响起，窗外的冰激凌也成了我起床的另一个原因。

在如此困苦的处境中，我采取了两项行动，使自己避免陷入自怨自艾、烦恼和怨恨之中。

首先，我使自己变得十分忙碌，每天教音乐课 12 ～ 14 个小时，根本没有时间去思考那些忧虑的事情。每当自己难过时，我就会一遍又一遍地对自己说："听着，只要还能行走，能吃饭，身上又没有大病大痛，你就是世界上最幸运的人了。千万不要忘记，无论遭遇什么困难，只要你还活着，就还有希望。”

每天早晨，我都要感谢上帝，感谢自己能下床，走向餐桌，为自己准备早餐。我深深体会到，尽管自己遭遇许多困难，但我是密苏里州华林顿最快乐的人。虽然我并没有获得多大的成就，但我成功地使自己成为镇上最懂得感恩的女人，在我的同事中几乎没有人能像我这样对生活充满了希望。

第十七节 可笑的小药丸

我曾在加州华纳兄弟影片公司宣传部工作过几年，那是一段愉快的经历。作为一名专栏作家和自由撰稿人，我为报纸和杂志撰写文章，报道华纳公司明星的动态。

突然有一天我竟然被升为宣传部副主任，被授予行政助理的职位。

这是一项很吸引人的头衔，新职务使我拥有一间大办公室、一台冰箱、两名秘书，并且能够直接指挥 75 名撰稿人员、开发人员和无线电人员。我兴奋不已，为了给自己树立良好的形象，我特意去买了一套西服。我尝试着用威严的口气讲话，以极其权威的态度下命令，吃饭也显得更加匆忙。

我突然感觉到整个华纳公司的公共关系政策全部压在我一个人身上，甚至认为公司的一些大明星如爱德华·鲁滨逊、吉蒂·戴维斯、詹姆斯·卡格尼等仿佛都在我的掌握之中。

但不到一个月，我就觉得自己患了胃溃疡，甚至怀疑得了癌症。

当时，我还有另外一项重要工作，即担任银幕宣传指导委员会策划小组主席。我十分喜欢这项工作，很高兴能在指导会议上和老朋友见面。但是，这些聚会后来却变成我最害怕的事情。每次开完会，我总是觉得筋疲力尽很不舒服，经常在半路上停车，让自己振作起来。我有许多工作要做，而时间又十分有限。工作是如此重要，而我却无法愉快地胜任。

我向来很诚实，总觉得精神负担很重，常常因失眠而忧虑，体重日趋减轻，人也变得越来越憔悴。

一位广告合作伙伴向我推荐了一位著名的内科医生，他曾为许多广告商治疗过类似的疾病。这位医生很少说话，你只需要告诉他哪里疼、做什么工作，他对我的工作似乎比对症状更感兴趣。一连两个星期，他每天都为我做各式各样的检查。在最后评估结果时，他往椅背上一靠，递给我一根烟，说道："西普先生，我们已经做过各种检查了，虽然从第一天第一次给你做检查之后，我就知道你并没有患胃溃疡，但是这些检查是绝对必要的。我知道，你的个性和你目前所从事的工作会让你无法信任我，除非我有足够的证据来加以说明。现在就让我来告诉你吧。"

于是，他拿出各项检查图表，以及X光检测结果，向我详细做出解释。他说："这可能会让你破费，但我觉得十分值得。我替你开的药方是，不要烦恼。"我正想破口大骂，被他制止住了。"注意听着，我知道你无法立刻使用这个药方，所以给你另外开了一些药丸，你想服多少就服多少，用完了再开。它能使你保持轻松。"

"要记住，你并非一定要服用这些药。如果能免除烦恼，一切都会好的。如果你又开始烦恼了，请务必来这里，到时候我又可以大大地敲你一笔了。你愿意吗？"

我接受了医生的建议，但是我并没有立刻停止烦恼。我连续服用那些药丸好几个星期，每当我觉得烦恼时，就吞下几颗药丸，感觉好多了。

我是一个成熟的人，现在服用这些药丸是不是感觉特别傻，我几乎和林肯总统一样高，体重也有 200 磅，而我却在服用小白药丸使自己保持轻松。我觉得自己的行为像个歇斯底里的妇人。

当朋友们问我为什么服用那些药丸时，我羞于将真相告诉他们。渐渐地，我开始嘲笑自己，对自己说："喂，西普，你的行为就像个大傻瓜。你将自己捧得太高了，将自己小小的事业看得太重了。吉蒂·戴维斯、爱德华·鲁滨逊早在你开始着手进行他们的宣传之前就已是世界闻名的影星了，即使你突然死去，华纳公司和那些明星们依然存在。你看，艾森豪威尔、马歇尔、麦克阿瑟，曾经参与过世界大战，却用不着服用药丸。而你却必须服下那些小白药丸，才能使你的胃部保持平静，才能胜任你的工作。"

我渐渐地不再服用那些药丸。不久，我就将那些药丸扔进了马桶里，每天晚上准时回家，小睡一下，然后吃晚饭。慢慢地，我恢复了正常的生活，再也没有看过医生。

我觉得有愧于这位医生，与那次所付出的高昂诊断费用相比，他教给我的如何保持轻松、消除烦恼的方法可以说是无价的。我认为他真正高明之处，在于一开始并没有嘲笑我，也没有告诉我实际上没有什么可担忧的。他给我一小盒药丸，而他早已知道（现在我也知道了），治好我病症的并不是那些可笑的小药丸，而是我自己。

第十八节 看我太太洗盘子

长期以来，胃病已经彻底地影响到我的生活。剧烈的疼痛常常使我无法入睡，每天晚上都要醒来两三次。我的父亲曾患过胃癌，我担心会和父亲一样，至少是胃溃疡。

我去一家诊所接受检查。一位著名的胃病专家用荣光镜和X光给我做了一次全面的检查。他再三强调，我并没有患上胃癌或胃溃疡，他认为我的胃痛完全是因为精神紧张所致。他给了我一些药片，使我能够安然入睡，然后他对我说："教堂的工作是否繁忙？"

不得不承认我的工作的确很繁忙，除了星期天的讲道和教堂的各种活动之外，我还担任红十字会主席、吉瓦尼斯俱乐部会长，平均每周还要主持两三次葬礼。

由于繁重的工作压力使我的情绪无法得以放松。紧张、忙碌使我几乎到了诸事皆烦的地步。情绪紧张使胃部长期处于战栗之中，疼痛难忍。

我听从了医生的建议，每个星期休息一天使自己有一个得以放松的机会，尽可能地减轻工作压力，减少社会活动。有一次，我正在清理办公桌，突然灵光一闪，一个念头浮现在脑海里。我抽屉里积压了一堆讲道的笔记本和一些时过境迁的备忘录，我将它们一一清理出来，将无用的东西扔进废纸篓里。当时，我灵机一动，对自己说："对自己的烦恼，为什么不能像对这些旧东西一样，将它们捡出来扔掉呢？"

这个念头在脑海中一闪现，整个人感觉放松了许多。从此以后，我把它当成一项规则，把那些无法解决的问题统统扔进废纸篓里去。

还有一次，我正在厨房帮妻子洗盘子，妻子一边洗一边唱歌。突然间我又悟出了一个道理："我们结婚已经有18年了，她也洗了18年的盘子。如果在结婚前，她看到这些堆起来的，可以装满一个谷仓的盘子，一定会吓得跑掉的。"

我对自己说："妻子之所以不以洗盘子为苦，是因为她一次只洗一天的盘子。"我终于发现自己的症结所在，我总是试图洗完今天和昨天的盘子，甚至连未用过的盘子也想一起洗完。

我发现自己真的很傻，每个星期天早晨，我都站在讲台上告诉他人如何过一种有意义的生活，而我自己却一味地紧张、忙碌和烦恼，我深感惭愧。

从今以后我再也不会为烦恼所困，我不再失眠，不再胃痛。因为我学会了如何将今天和昨天的焦虑揉成一团，统统扔进废纸篓，也不再试图在今天清洗明天的盘子。

请记住这句话：明天的烦恼、昨天的烦恼，加上今天的烦恼，是最重的负担。

第十九节 时间可以化解烦恼

忧虑使我失去了生命中最宝贵的 10 年光阴。18 岁到 28 岁，是人生最丰富多彩的年华。现在我终于明白了，失去那宝贵的时间完全是我一手造成的，怨不得任何人。

无论工作、健康，还是家庭，我对所有的事情都感到烦恼。自卑常常使我刻意躲避一些我比较熟悉的人。如果碰巧遇到一位朋友，我就假装没有看见，因为我害怕遭到嘲笑和奚落。

我更害怕与陌生人打交道，遇到不熟悉的人或者陌生的场合，我就浑身不自在，这使我在两个星期当中，一连失去了 3 次工作机会——我缺乏勇气面对自己的老板。

8 年前的一天下午，我克服了这些烦恼。当时，我坐在一个朋友的办公室里，在我的心里他是最快乐的人，似乎没有一点烦恼。他曾在 1929 年赚了一大笔钱，但不久就赔得一干二净；1933 年东山再起，又赚了一笔，然而还是赔光了。如此反反复复，他曾多次赚钱，也曾多次破产，被债主逼得走投无路。

那时，我坐在他的办公室里，一种羡慕之情涌上心头，希望上帝也能将我改造得像他一样。

在我们谈话的时候，他收到一封信，他把它递给我让我仔细阅读一下。那是一封充满了愤怒言辞的信，如果我收到这样一封信会烦恼死的。我疑惑不解地问：“比尔，你如何回复这封信？”

比尔说：“告诉你一个小诀窍，当你遇到困难的时候，取出一支铅笔和一张纸，将所有的烦恼详细写下来，然后将那张纸放在你右手下方的抽屉里。等过了一两个星期，再取出来看看。如果你第二次阅读时，那些事情仍然会使你感到烦恼，那么把它再放回原来的抽屉中，让它再在那儿待上两个星期。它在那儿绝对安全，不会有什么变故。但是你所遭遇的烦心事可能会发生许多变化。我发现，只要我有足够的耐心，烦恼常常会自动消失。”

这些话给我留下了很深刻的印象，多年来我一直使用这种方法，烦恼真的大大减少了。时间解决了许多问题，同时也消除了许多烦恼。

第二十节　和死神说再见

多年前，我因为一件诉讼案出庭作证使自己的情绪变得紧张，而且内心充满了烦恼。在案件结束后回家的途中，因为严重的心脏病就突然晕倒了。

疾病和紧张的情绪使我几乎喘不过气来。一回到家，医生就为我打了一针，当时我还没躺到床上，而是勉强挣扎着靠到客厅沙发上，就再也走不动了。

当我从昏迷中清醒过来时，发现教区牧师正在准备为我做最后的洗礼，看到家人脸上流露出的悲伤神情，我知道自己最后的时刻已经来临，我的心脏是如此衰弱，医生警告我不得说话，甚至不得动一动指头。

我并非圣徒，但我明白了一个道理，那就是不要和上帝争论。所以我闭上眼睛对自己说："该来的总会来。"

有了这一想法，我的身心似乎全部放松了，恐惧感也完全消失了。我在安静祥和的气氛中想象着自己如何去见上帝，但是等了一个小时，疼痛却逐渐消失了。于是，我开始问自己，如果能继续活着的话，对于生活我将如何打算。我将努力地恢复健康，永远不再用紧张和烦恼来毁灭自己，我要勇建自我的力量。

这已经是 4 年前的事了，我现在很快就恢复了，就连医生也对我的进步称赞不已。我想，如我不在死亡线上挣扎过，不曾追求进步，怕是早就不在人世，早就死在忧虑中了。

第二十一节　我找到了答案

1943 年在夏威夷岛的一次陆战队两栖登陆演习中，当时我正准备从小艇跳到沙滩上，意想不到的是一个巨浪袭来，将我高高抛起后又摔在沙滩上。然后便重重地摔了下来，折断了我的三根肋骨，其中一根刺进了我的右肺。于是我就在新墨西哥州阿布奎基的一家军医院接受治疗。

在医院里待了三个月，医生说我的伤势完全没有好转的迹象，这使我陷入极度的恐慌之中。经过一番深思熟虑之后，我认为可能是我的负面情绪影响了我身体的恢复。在事情还未发生以前，我的性格十分活跃，生活也丰富多彩。然而这3个月里，我必须每天24小时都躺在病床上，无所事事只能胡思乱想。

我想得越多，烦恼就越多，我烦恼能否恢复原有的社会地位；烦恼自己是否会终身残废；烦恼是否还能结婚，过正常人的生活。

我希望医生将我移到被称为“乡村俱乐部”的病房，那里的病人几乎能够完全自由活动。因为我不想使自己继续陷入这无休止的烦恼中。

在“乡村俱乐部”，我对桥牌产生了浓厚的兴趣。我花了6个星期和其他人一起搭档，并且还阅读了大量的桥牌书籍，成为一个名副其实的桥牌迷，打桥牌是我每天晚上必修的课。与此同时，我对油画也产生了浓厚的兴趣，有时也会阅读与此相关的书籍，每天下午3点，我都在一位老师的指导下学习绘画。我还尝试雕刻肥皂和木头，这些事情都使我兴趣盎然。

我使自己变得忙碌起来，根本没有时间为伤病烦恼。我阅读红十字会赠送的心理学书籍，来提高自己的心理承受能力。3个月后的某一天，当因为我进步很大医院的全体医护人员前来向我道贺时我几乎高兴得想放声大哭。因为那是有生以来最令我兴奋的一件事。

当我无所事事，整天躺在床上为自己的未来而担忧时，我的健康状况没有得到丝毫的改善。因为这些烦恼无情地摧残着我的身体。但当我专心致志玩桥牌、画油画、学习雕刻，将自己的病置之度外时，我的病情得到了很大的进步。

现在的我过着正常而健康的生活，我的肺和你们的一样好。

萧伯纳曾说："悲哀的秘诀在于有闲暇的时间为自己是否快乐而烦恼。"要想重新快乐起来，就要尽量使自己变得忙碌。

第二十二节　奥德伟·泰德排忧三件事

都说忧虑是一种习惯，但是在我的世界里这种习惯早已被我打破。我之所以能消除各种各样的烦恼，应归功于以下三件事情。

第一，我太忙了，根本没有时间和精力去想那些使我陷入焦虑之中的事。我有三项主要工作，每一项工作都是全天性的。我在哥伦比亚大学教书，同时也是纽约市高等教育委员会主席，又主持着哈泼出版公司经济及社会部，三项主要工作占满了我的时间，使我根本没有机会烦恼。

第二，我是一个提得起放得下的人。当我放下一项工作去从事另一项工作时，我就可以将所有的问题抛之脑后。我发现，不断调整工作可以令人振奋，神智清醒。

第三，在我离开办公桌之后，我努力地将所有的烦恼从脑海中除去。许多问题都是息息相关的，如果每天晚上我都将这些问题带回家，并且为它们而烦恼，不仅会损害我的健康，同时这些问题也不会很好地得以解决。

第二十三节　停止忧虑使我长寿

我有 63 年的棒球职业生涯，开始加入这个职业的时候是没有工资的。那时候我们常常在附近荒废的空地上打球，常常被地上的杂物绊倒。比赛结束之后，我将帽子递向人群向他人收钱，以这种方式所赚的微薄收入，根本无法养活守寡的母亲及弟弟妹妹们。即便如此，有时候球队还必须做一些逗乐的演出，才能使球赛继续进行。

许多事情都令我烦恼，我是连续 7 年都位居末尾的棒球俱乐部经理，在 8 年时间内输了 800 场球。一连串的失败使我寝食难安，而且还使我非常忧郁。然而，25 年后的我清楚地明白如果我再不停止忧虑，我恐怕早就奄奄一息了。

回想漫长的生命历程（我出生于林肯总统时代），总结人生教训，我发现自己之所以能够征服烦恼，活到现在，与以下几种方法是息息相关的。

（1）我清楚地意识到烦恼除了对我的棒球生涯造成损害以外，对我的人生毫无帮助。

（2）忧虑对个人的健康有百害而无一利。

（3）我使自己整天忙碌于比赛之中，根本就没有时间为失败而烦恼。

（4）我为自己定下了一个规则：在球赛结束后的 24 小时内，不对球员所犯的错误给予批评。以前，我总是和球员们一起更衣，输球后，我总是忍不住批评他们，毫不留情地与他们发生争论。我发现这样做不仅徒然增加自己的烦恼，而且还会伤了我们之间的感情，从而使他们满怀怨气而不肯保持合作，也许我的举动让他们陷入了尴尬的境地。在没有准备充足的情况下，我只好在比赛失败之后，不与球员见面，直到第二天才和他们讨论失败之处。这个时候，我已经冷静下来，可以十分理智地讨论事情，球员的情绪也不会太激动。

（5）经常给予球员们一些鼓励，来激发他们的斗志。而在此以前，我总是吹毛求疵，一味地指责他们。

（6）我发现往往在我身心疲倦的时候烦恼就会乘虚而入，因此我每天都保持 10 个小时的休息时间，坚持午睡，5 分钟的小憩对振奋精神也大有帮助。

（7）在忙碌状态下我早以将自己的烦恼抛之脑后，并且延长了自己的寿命。如今我已经 85 岁了，但我还不想退休。当然，当我一遍又一遍地重复这些故事时，我就知道自己的确老了。

第二十四节　我曾经慢性自杀

在 6 个月以前我的生活里充满了紧张和忙碌。我的神经就像紧绷的弦一样，时时刻刻都绷得很紧使我一刻也从未放松过。然而精神沮丧忧心忡忡、精疲力竭就是我每天回到家中的精神状态。为什么从来没有人对我说："保罗，你在慢性自杀。你为什么不慢慢来？你为什么不使自己轻松一下？"

我每天早上总是匆匆忙忙起床，匆匆忙忙穿衣，匆匆忙忙刮脸，匆匆忙忙吃早餐，然后匆匆开车上班。我紧紧抓住方向盘，仿佛它随时会飞出窗外一般。我很迅速又紧张地上了一天班，然后匆匆忙忙赶回家，到了晚上，我甚至想急忙入睡。这种生活不停地循环着。

这样的生活实在压得人喘不过气来，因此我去见底特律的一位十分著名的精神科专家。他要我放松紧张的生活，他建议我无论何时都要保持一颗放松的心，不论是在工作、开车、吃饭，还是在睡觉之前，都要想到放松自己。他说我正在慢性自杀，因为我不知道如何使自己松懈下来。

从那时候起，我就努力地使自己的神经保持放松。每天晚上我并不急着入睡，而是先使自己的身体彻底地放松下来，呼吸也趋于平稳。经过自己的不断努力每天起来都感到精力充沛。因为以往我早上醒来时，总觉得又累又紧张，就连吃饭的心情也郁闷多了。为了安全，我驾车时高度警觉，但不像以前那样紧张，最重要的是，在上班的时候也可以使自己放松下来。这和以往比起来是一次很大的进步。

一天当中，我总要找个时间停止一切工作，详细检讨自己是否已彻底放松。现在当电话铃响时，我不再像以前那样急着去接听，有人向我讲话时，我使自己轻松得如同一位熟睡中的婴儿。

我的生活从此变得轻松愉快，再也不因紧张过度而烦恼了。

第二十五节　找寻生命中的绿灯

从小的时候一直到长大成人，烦恼从来就没有停止过。我的烦恼不仅多，而且纷繁复杂，其中不乏忧虑，但是往往都是我自己胡思乱想的，我几乎烦恼身边所有的事情，甚至烦恼自己是否遗漏了什么。

两年前，我决定开始换一种新的方式生活。这种生活方式需要对自己的过错以及少有的几项美德做一番自我反省，希望以这种方式来对自己有一个全面的认识。只有这样做，烦恼的原因才能清清楚楚明明白白地呈现在我的眼前。

我发现自己并非为今天而活。我一方面在为昨天的错误而后悔，另一方面又对未来心存恐惧。也有人曾劝我："今天就是你昨天所忧愁的明天。"但是这好像对我没有丝毫起色。还有人建议我，尽量使自己忙碌起来，这样就没有时间去烦恼了。我承认这些建议有一定的道理，但却很难将之应用到我自己身上。

1945 年 5 月 33 日晚上 7 点，在西北铁路公司的月台上，我们为朋友送行。虽然只是短短的一瞬间但使我永生难忘。

当时，战争尚未结束，车站人潮汹涌。送朋友上车后，我沿着铁轨朝火车头走去。顺着那闪闪发亮巨大的引擎，我将目光移向铁道前方，看到一座巨大的信号台正亮着耀眼的黄灯。突然间黄灯转变成绿灯，火车汽笛长鸣，我听到乘务员高声喊道："全部上车……"紧接着，在几秒钟时间内，巨大的火车轰隆隆地驶出车站，开始了它长达 230 公里的旅程。

我的脑袋突然为之一震，突然间，我似乎明白了什么，有种拨开云雾见月明的感觉，仿佛现在的一切都显得那么的微不足道，我一直寻找的答案直到我看见那位火车司机我才彻底明白了。他只看到了一盏绿灯就开始了一段漫长的旅程，而我却希望看到整段旅程全部都是绿灯。我舒舒服服地坐在人生的车站里什么也不做却急于想了解前面究竟是什么样的情形。

我心潮澎湃，思绪万千。火车司机也丝毫没有为前途究竟会遇到什么特殊的情况而担心忧虑，事实上，正是由于火车随时都会因为故障而延误，人们才建立了行之有效的信号系统。黄灯，减速、慢行；红灯，危险、停车。正是因为这些信号系统火车才能安全地运行最终到达终点。

于是我明白过来，我也可以为自己的生活制定一套良好的信号系统。或许这些系统本身就存在着，是上帝赐给的，并且由他来操纵，并且能够使我平平安安地到达人生的彼岸。于是我开始找寻生命的绿灯。

现在，我每天早晨都为即将开始的一天祈求绿灯。有时会遇到黄灯，它使我缓慢下来，好使自己放松一下。有时也会遇到红灯，就赶快停止，以免一发不可收拾。

自从两年前我明白这个道理后我就再也没有自寻烦恼过。在这两年间，有 700 多盏灯为我开道，但我不会刻意地去在乎下一盏灯是什么颜色，这使得我的人生之旅变得轻松愉快。

第二十六节 我克服了胃溃疡

5 年前，我因为过分忧虑、沮丧而得了胃溃疡。医生要求我控制饮食，在病情没有好转之前只能喝牛奶吃鸡蛋，我按照医生的吩咐，但病情却没有根本性的好转。有一天，我读到一篇关于癌症的文章，觉得我的各种症状与上面描述的完全一样。我吓坏了，结果使我的胃溃疡变得更加严重。随后各种打击接踵而至，陆军认为我体质太弱，拒绝我入伍，而我当时正好 25 岁，应该是最强壮的年龄。

我已到了山穷水尽的地步，看不见一丝一毫的希望。绝望中，我试图分析自己是如何陷入这可怕的境地的，于是可怕的事实慢慢地浮现在我的眼前。

两年前，我曾经是一名售货员，快乐而健康。但由于战时物资缺乏，我不得不放弃这份工作，到工厂做了一名工人。我藐视自己的工作，周围的人也都是一些消极分子，他们抱怨所有的事情，咒骂自己的工作、工资、工时和老板。慢慢地我也受到这种消极思想的影响。

我终于明白了，我的胃溃疡就是这种消极心态以及颓废情绪引起的。

于是我决定回去从事自己喜爱的销售工作，与那些积极和富有建设性思想的人一起共事。

这个决定挽救了我的生命，使我积极地与那些乐观、上进、不为病痛所累的人交朋友。情绪得到调整以后，我的胃也随之改变了，有时候我甚至忘记自己曾患有胃溃疡。我发现，从别人身上得到健康、快乐、成功是十分容易的，就如同你很容易从别人身上得到烦恼、痛苦和失败一样。

这次教训使我一生都受益匪浅，其实这些道理我早该明白，本应该早就学会了，但我却不得不以痛苦的方式来了解它。

现在我懂得了耶稣所说的那句话："能用心灵思考的人才能成功。"

第二十七节　忧虑使我18天无法进食

3 个月以前，我内心充满了烦恼，一连 4 天 4 夜辗转反侧、无法成眠，连续 18 天无法进食，甚至连食物的气味也难以忍受。我根本无法找到恰当的言辞来描述自己所遭遇的精神痛苦。我觉得自己几近疯狂，已到了死亡的边缘。

收到《人性的优点》一书的那个时刻成为我生命的转折点。在过去的 3 个月里，我几乎是依赖该书求生的，我详细阅读每一页、每一段、每一句话，从中获取新鲜的养分。这本书带给我的心理力量简直令人难以置信，它使我能够自如应付生活中巨大的挑战，使我充分意识到，以往之所以处于半疯狂状态，是因为自己不仅为今天的问题烦恼，同时也为昨天所发生的和明天将要发生的事情而焦虑、痛苦。

现在，当我发现自己又在为某事烦恼时，我就会立刻制止自己，并运用从书中所学到的一些基本原则来克服这些烦恼。我努力让自己做到，应该今天做完的事情就绝对不会拖到明天，完成以后就将它抛在脑后。

当我又遭遇到那些几乎令我发狂的难题时，我都能镇定自如地应用 3 个步骤来加以解决。第一，我会问自己，可能发生的最糟糕的事情是什么；第二，我试着从内心里去接受这些结果；第三，专注于研究问题的本身，看如何能加以改进并解决。

如果我发现自己为一件无法改变而又不偏激的难题烦恼时，我就对自己复诵下面这段简短的祈祷文：

愿主赐我安宁，使我接受我无法改变的事物；赐我勇气，使我改变我无法改变的事物；赐我智慧，使我能洞悉其中的差异。

在读完《人性的优点》之后，我开始享受到真正光明的生活，不再让焦虑破坏自己的健康和幸福。现在，我每天可以睡上 9 个小时，吃东西津津有味。人生许多障碍都得以消除，幸福生活的大门为我而开，等着我去尽情享受。我要感谢上帝赐予我生命，并赐我生存在如此美丽的世界中。

建议你将《人性的优点》这本书放在床边，仔细地阅读一遍，并且加以研究、运用。这并不是普通的“闲书”，而是一本生活的“指南”，它不仅可以让你获得幸福的生活，还可以引领你走向成功的彼岸。

第二十八节 我生命里的奇迹

烦恼已完全将我打败，我脑中一片混乱困惑，觉得生活毫无乐趣可言，我的精神太过紧张，晚上彻夜难眠，白天也无法休息。我的3个女儿都和亲戚同住，我们离得很远。我丈夫最近刚从军中退役下来，现在在外地，准备成立一家法律事务所。战后复原时期那种不安全，惶恐的情绪我完全感染上了。

我的情况不仅影响到正常快乐的家庭生活，甚至还威胁到我丈夫的事业，同时也严重影响到我自己的生活。我丈夫找不到房子，惟一的解决方法就是自己建一栋。万事俱备，只等我恢复健康了。我对这种情形了解得愈多，愈加努力，对失败的恐惧也就愈大。于是我逐渐对任何事情都怀有深切的恐惧感。我始终觉得自己很失败而且无法信任自己。

当我的世界一片灰暗，在我最无助的时候，是我母亲帮助了我，她的帮助使我永不忘怀，终生感激。她激励我要鼓起勇气为新的生活去努力、奋斗。她说我最大的问题就是对生活的妥协，害怕面对事实从而逃避生活，她鼓励我，斥责我自暴自弃。

于是，从那时起，我开始振奋起来。到了那个周末，我对我父母说，他们可以回家了，因为我已能整理家事。那时我完成了一些似乎不可能的工作。我独自照顾两个幼小的孩子，睡得好，食欲也开始转好，精神也有进步。一个星期之后，当他们再度来看我时，发现我正在熨衣服，同时还一面哼着歌儿。我有种富裕满足的感觉，因为我已展开一场战斗，而且获胜了。我会永远记住这个教训：我们要坦然地面对生活带给我们的所有挑战。

从那时起，我强迫自己去工作，使自己沉迷于工作中。最后，我把孩子全部接回来，然后和我丈夫一起住在我们那栋新房子里。我知道，我可以恢复健康，使我这个可爱的家庭有一位健康、快乐的母亲。我全神贯注于我们的家、孩子、丈夫以及所有的事情，除了我自己，拟订各项计划，我太忙碌，根本无暇想到自己。这时，真正的奇迹发生了，我的身体越来越强健。每天早上起床，我心中充满喜悦——富足的喜悦、为新的一天策划的喜悦、生活的喜悦，虽然偶尔也有沮丧的时候，特别是当我疲倦之时，但我告诉自己，不必在那时候多想。于是渐渐地，这种时刻越来越少，直到最后完全消失了。

一年后的我有一位十分快乐而成功的丈夫，一个美丽的家和 3 个健康、快乐的孩子。我自己呢，则享受着快乐安详的生活。

第二十九节　我如何克服忧虑

这是富兰克林写给乔瑟夫·普里斯特莱的一封信，当时乔瑟夫·普里斯特莱写信向富兰克林请教。富兰克林在回信中详述了自己解决问题、消除烦恼的方法。

亲爱的先生：

你信中所提出的问题对于你是如此重要，在没有充分了解事实的情况下，我也不敢贸然告诉你应该怎么去做，我能够告诉你的只有一些解决问题的方法。

许多问题之所以至今尚未解决，我想原因可能是我们思考问题时想的不够全面，并没有将这些问题正反两面所引发的后果清楚地呈现在我们的脑海里。有时是这种原因，有时又是另一种原因，神龙见首不见尾，这导致我们无法系统完整地思考，各种各样的烦恼和困惑就像洪水一般涌来。

那么怎样克服这些困难呢？我的方法是：拿一张白纸在中间画一条线，将其分成左右两栏，一栏写上“正”，另一栏写上“反”。我会用 3 天时间来进行思考，将想到的问题随时写在各栏内。在全部写完之后，我开始评估正负各种原因的分量，如果我发现两边的分量几乎相同，我就把它们划掉。如果发现某个“正”因素相当于两个“负”因素，那就将它们三个一起划掉。如果我发现两个负因素，等于三个正因素，我就将它们五个全都划掉……如此以来，最后一定能找到问题实质所在。如果经过进一步的思考后没有发现新的因素，自然而然结论就出来了。

尽管每个因素的分量难以十分准确地加以衡量，但在经过如此细致的思考和比较之后，整个问题的正反前后全部呈现在我眼前，自然可以做出更好的判断，而不至于采取轻率的行动。

以上就是我解决问题、消除烦恼的方法，真诚地希望你能做出最佳选择！

祝福你，亲爱的朋友！